厌氧氨氧化
及其新污染物影响

阎 松 袁 媛 秦海娟 等著

化学工业出版社
·北京·

内容简介

《厌氧氨氧化及其新污染物影响》从全球水资源危机与污水处理低碳化需求切入，综述了厌氧氨氧化技术优势及微塑料、抗生素等新污染物对其影响的研究进展，解析不同条件对系统脱氮性能的调控规律。通过检测酶活性揭示厌氧氨氧化菌关键功能酶的活性响应及功能基因的表达调控。针对微塑料的差异化影响，阐明了聚氯乙烯、聚对苯二甲酸乙二醇酯、聚丙烯与可生物降解的聚乳酸微塑料通过物理遮蔽与化学浸出干扰菌群代谢通路的机制。利用胞外聚合物组分重构揭示厌氧氨氧化颗粒污泥通过分泌胞外聚合物螯合污染物、调控群落 α 多样性等的抗逆机制，阐明微塑料与抗生素复合污染的协同毒性。全书通过多尺度研究方法，为厌氧氨氧化工艺应对新污染物挑战提供理论依据与工程实践参考。本书可供污水生物处理等相关领域的科研人员和工程技术人员参考。

图书在版编目（CIP）数据

厌氧氨氧化及其新污染物影响 / 阎松等著. -- 北京：化学工业出版社，2025.10. -- ISBN 978-7-122-48810-7

Ⅰ. X703

中国国家版本馆 CIP 数据核字第 2025CH8725 号

责任编辑：满悦芝　　　　　　　　文字编辑：贾羽茜
责任校对：王鹏飞　　　　　　　　装帧设计：张　辉

出版发行：化学工业出版社
　　　　　（北京市东城区青年湖南街 13 号　邮政编码 100011）
印　　装：北京科印技术咨询服务有限公司数码印刷分部
710mm×1000mm　1/16　印张 11¼　字数 180 千字
2025 年 9 月北京第 1 版第 1 次印刷

购书咨询：010-64518888　　　　　售后服务：010-64518899
网　　址：http://www.cip.com.cn
凡购买本书，如有缺损质量问题，本社销售中心负责调换。

定　　价：88.00 元　　　　　　　　　版权所有　违者必究

前 言

　　全球水资源短缺与污染治理的双重压力正将污水处理技术推向可持续发展战略的核心地位。《2024 年联合国世界水发展报告》指出，目前全球约 50% 的人口在一年之中至少有一部分时间面临严重的缺水问题。而传统污水处理工艺的碳足迹占全球总排放量的 2%，其高能耗、高药耗的运行模式已难以匹配"双碳"目标下的技术需求。在此背景下，厌氧氨氧化（anaerobic ammonia oxidation, Anammox）技术因其低能耗优势脱颖而出，该工艺通过厌氧氨氧化菌（anaerobic ammonia oxidation bacteria, AnAOB）的独特代谢途径，在厌氧条件下将氨和亚硝酸盐直接转化为氮气。这一自养反应过程无须投加有机碳源，污泥产率降低 90%，能量消耗仅为传统硝化-反硝化工艺的 40%，被《自然·生物技术》评价为"污水脱氮工业的基因编辑革命"。从荷兰代尔夫特理工大学的首个实验室验证，到新加坡樟宜再生水厂的百万吨级工程应用，Anammox 技术已逐渐突破菌种富集慢、启动周期长的瓶颈，其规模化推广标志着污水处理从能量净消耗型向资源回收型的范式跃迁。

　　然而，技术的迭代始终与环境污染的复杂化进程交织博弈。随着工业化与城市化进程加速，微塑料与抗生素等新污染物逐渐侵入水环境系统。环境毒理学研究表明，全球淡水系统中微塑料丰度已达 4.8×10^3 个/m³，其与表面因疏水性吸附的多环芳烃、全氟化合物等污染物形成"复合毒性载体"；医疗与畜牧业排放导致水体中抗生素浓度突破 ng/L ~ μg/L 级，诱导的抗性基因通过接合质粒、转座子等可移动遗传元件的水平转移，加速了耐药菌的生态入侵。然而，传统活性污泥工艺对微塑料的截留率不足40%，对抗生素的去除效率普遍低于50%。当 Anammox 这一高效脱氮体系遭遇新污染物的持续冲击，其功能菌群的生态脆弱性成为制约技术推广的关键瓶颈。

AnAOB 的生物学特性决定了该系统对外界干扰的高度敏感性。作为一类化能自养型微生物，其倍增时间长达 11～14 天，且严格依赖厌氧环境维持代谢活性。系统溶解氧浓度超过 0.1 mg/L 时，AnAOB 的氨氧化速率下降 32%；温度波动幅度超过 ±2℃将引发菌群丰度减少 20% 以上。这种苛刻的生存需求虽保障了脱氮过程的高选择性，却使系统在复杂污染物共存场景中表现出显著的不稳定性。多污染物协同作用可能引发毒性的非线性增强。尽管学界已初步认识到这些交互影响的危害，但关于污染物暴露的累积效应、污染物-菌群互作的分子机制、工程级抗干扰调控策略等关键问题仍悬而未决。

本书立足于环境微生物学、生态毒理学，系统解构新污染物与 Anammox 系统的多维互作机制。全书共分 8 章，第 1 章是绪论，介绍了以 Anammox 为主的生物脱氮工艺及新污染物对其影响的研究现状；第 2 章分析了不同氮质条件下 Anammox 系统的脱氮性能；第 3 章研究了 AnAOB 功能酶活性及功能基因的表达；第 4 章介绍了聚氯乙烯微塑料对 Anammox 过程的影响；第 5 章对 Anammox 颗粒污泥在聚对苯二甲酸乙二醇酯微塑料急性暴露下的代谢机制进行了介绍；第 6 章分析了 Anammox 过程对不可生物降解的聚丙烯微塑料和可生物降解的聚乳酸微塑料响应机制的区别；第 7 章从 Anammox 颗粒污泥细菌胞外结构与生物群落结构分析了细菌抗污染机制；第 8 章研究了 Anammox 系统对微塑料与抗生素的复合污染响应变化。

本书由阎松（大连交通大学）、袁媛（大连交通大学）、秦海娟（大连交通大学）等著。感谢曾经和正在从事 Anammox 及其新污染物影响相关研究的硕士研究生们。本书主要作者分工如下：阎松负责实验方案设计，秦海娟、吕宇华、李竺芯完成了主要实验内容；赫明俊编写第1章；袁媛编写第2章，共同编写第3章；刘帅豪编写第4章；赵誉量编写第5章，共同编写第3章；杨谟宁编写第6章；刘佩印编写第7章；秦海娟编写第8章。全书由袁媛统稿、阎松校核。希望本书的出版能够对污水生物处理领域的研究人员、工程技术人员及高校相关专业的师生有所帮助。在这场生态保卫战中，每一组数据、每一次实验、每一座污水处理厂，都是人类与自然和解的无声宣言。由于水平有限，书中疏漏之处在所难免，恳请读者不吝赐教、指正。

作者
2025 年 7 月

编者
2025 年 9 月

目录

4　聚氯乙烯微塑料短期暴露对厌氧氨氧化过程的影响　　059

5　聚对苯二甲酸乙二醇酯微塑料急性胁迫对厌氧氨氧化颗粒污泥性能的影响研究　079

8　厌氧氨氧化颗粒污泥对磺胺甲噁唑与聚对苯二甲酸乙二醇酯微塑料的联合胁迫响应机制　143

1

绪论

1.1 新污染物

新污染物（emerging contaminants，ECs）也称为新关注的污染物（contaminants of emerging concern，CECs），不是指新的化学物质，而是指新近发现或被关注，对生态环境或人体健康存在风险，但尚未纳入常规管理监测或者现有管理措施不足以有效防控其风险的污染物。2022年国务院办公厅印发的《新污染物治理行动方案》中提到，目前国内外广泛关注的新污染物主要包括国际公约管控的持久性有机污染物、内分泌干扰物、抗生素等，同时也包含微塑料等其他重点新污染物。我国每年生产近8000万吨塑料，使用33.7万吨农药，产生1.5万吨过期药品，这些物质都会成为环境中新污染物的来源。与传统污染物相比，新污染物的浓度一般较低，在$\mu g/L \sim ng/L$，但它们具有较高的稳定性和持久性，不仅能在生物体内积累，还能在环境中长距离迁移或在食物网中传播。我国水环境中新污染物的来源主要包括工业废水、畜牧养殖废水、医疗废水、生活污水、污水处理厂出水等。在污水处理过程中最常见的典型新污染物有微塑料、抗生素等。

塑料是一种以单体为原料，通过加聚或缩聚反应聚合而成的高分子材料。19世纪70年代，第一种塑料赛璐珞由纤维素改性热压生成；1907年，贝克兰合成的酚醛树脂成为第一种完全人工合成的塑料。随后，经过施陶丁格、马克和卡罗瑟斯等人的努力，高分子科学理论逐渐成为主流，并推动了聚乙烯、聚苯乙烯、聚甲基丙烯酸甲酯（有机玻璃）、聚四氟乙烯、聚氨酯等多种材料的工业化生产。塑料因其质轻、化学性质稳定、加工成本低等优点被广泛应用，但也带来了严重的环境问题。据统计，2019 年我国塑料产量达到 1.14 亿吨，占全球总产量的 25%，这一数字反映出我国在全球塑料生产中的重要地位。然而，与之相伴随的是巨量塑料垃圾的产生，给环境和生态系统带来了巨大的压力和威胁。目前地球上有近 70 亿吨的塑料被废弃，如果按照现有的速度，到 2050 年，地球上将会有 130 亿吨的塑料垃圾。这已经成为当前必须解决的全球环境挑战之一。中国物资再生协会发布的统计数据显示，我国废塑料产量在 2024 年超过 6000 万吨，其中大约有 2100 万吨的废塑料经过材料化回收，回收率达到了 31%，这一回收率高于全球废塑料回收平均水平的 1.74 倍。令人担忧的是，仍有 3900 万吨塑料被填埋、焚烧或者随意丢弃，这对生态环境造成了相当大的威胁。这些未得到妥善处理的废弃塑料，被外部力量如人为活动、风力、河流和洋流等推动，迁徙到地球各个角落，并在海洋中形成了大量的垃圾囤积区。全球海洋中至少有 5 万亿件漂浮的塑料碎片，总质量超过 26 万吨。随着塑料的广泛使用，塑料垃圾的污染已经遍布全球。

广泛暴露于自然环境中的塑料垃圾，在太阳紫外线辐射、波浪冲刷、沙砾磨损、动物接触等作用下，发生降解，缓慢分解为微塑料。2004 年，英国科学家汤普森首次提出"微塑料"概念，指小于 5mm 的塑料颗粒、碎片和纤维等。塑料降解过程中，物理、化学和生物反应会降低其强度，改变物化性质和力学性能，导致聚合物氧化和断链，形成低分子质量产物并碎裂成微塑料。自从发现微塑料污染以来，研究人员一直将关注点集中在海洋中的微塑料污染问题上，但最近几年人们逐渐关注到淡水和陆地环境的微塑料污染问题。事实上，据估计，海洋中 80% 的微塑料都源自陆地，河流则是微塑料流入海洋的主要渠道。而天然水域中 80% 的微塑料来自污水处理厂，这是因为处理后的污水通常排入河流、湖泊和海洋。城市污水是人类生活中产生的织物纤维、个人护理品以及工业制塑厂中产生的大量微塑料的重要聚集地，是向水体中排放微塑料的重要点源。

抗生素是为杀死或抑制微生物而开发的有机化合物，主要用于预防和治疗动物和人类的细菌感染。生活废水、养殖废水和制药废水中都含有残留的抗生素，近几年污水、地表水中有越来越多的抗生素抗性基因被检出。有研究表明，城市污水处理厂进出水样品中检出 15 种不同类型的抗磺胺和四环素基因，检出率均为 100%。制药废水处理厂出水中各种抗生素如环丙沙星、万古霉素等的浓度均达到 mg/L 水平，抗性基因的丰度在 $10^5 \sim 10^7$ copies/mL。

厌氧氨氧化（anaerobic ammonia oxidation，Anammox）作为一种新兴的高效低耗、经济节约、绿色环保的生物脱氮工艺，不断被研究推广应用到实际工程中。世界上已经有 150 余座应用 Anammox 的污水处理厂。然而这些广泛存在于污水处理厂中的新污染物对敏感的厌氧氨氧化菌（anaerobic ammonia oxidation bacteria，AnAOB）是否会造成影响，目前尚不清楚。

1.2 生物脱氮工艺

1.2.1 传统生物脱氮工艺

据统计，世界上大约 80% 的废水未经充分处理就被排放到环境中，其中含有有害物质和污染物质，会对环境和生物造成潜在的危害。氮是所有生命必不可少的组成部分和重要营养源，但随着城市生活污水、工厂工业废水和农田灌溉污水的排放，环境中过量的含氮化合物会造成一系列问题。一些水体中含氮量过高，对其中的水生生物产生了不利影响，水体富营养化和铵盐的毒害作用致使水生生物死亡；饮用硝酸盐含量高的水会使人缺氧窒息，饮用亚硝酸盐含量高的水则会致癌。氮的排放标准越来越严格，废水脱氮技术水平也随之日益提升。

污水脱氮方法有物化法和生物法。物化法有离子交换、吸附、反渗透等，由于成本高、二次污染大等缺点，很少作为主流工艺。生物脱氮法是工程实践中的主要应用。传统的生物脱氮技术通过好氧硝化和厌氧反硝化两个步骤来完成。

在硝化过程中，NH_4^+-N 首先被氨氧化古菌（ammonia oxidation archaea，AOA）和氨氧化细菌（ammonia oxidation bacteria，AOB）转化为 NO_2^--N，然后 NO_2^--N 再被亚硝酸盐氧化菌（nitrite oxidation bacteria，NOB）氧化为 NO_3^--N，这个过程需要充足的溶解氧。在反硝化过程中，NO_3^--N 首先还原为 NO_2^--N，然后依次还原为 NO、N_2O，最后转化为 N_2，这个过程需要厌氧条件，氧气的存在会抑制兼性异养反硝化菌中硝酸盐还原酶的产生，从而抑制反硝化作用。异养反硝化（heterotrophic denitrification，HD）还需要添加外部碳源作为电子供体，自养反硝化（autotrophic denitrification，AD）不需要额外的碳源，可以利用一些硫、氢和铁化合物作为电子供体。传统工艺中，由于硝化和反硝化的反应条件不同，需要设置好氧-缺氧的序批式反应器，且需要控制工艺参数和投加原料，造成高昂的建设成本和运营维护成本。

异养硝化-好氧反硝化（heterotrophic nitrification-aerobic denitrification，HN-AD）菌的发现颠覆了对硝化-反硝化的认知。HN-AD菌能够利用有机物完成硝化过程，也能够在有氧条件下进行反硝化过程，这使得可以在一个反应器单元中实现同步硝化-反硝化（simultaneous nitrification and denitrification，SND）。与传统工艺相比，SND工艺减少了结构占地面积，减少了外部碳源，具有需氧量低、操作简单、能耗低、反硝化效率高的特点，可显著降低运行成本，提高脱氮效率。并且，许多研究发现，HN-AD菌在极端条件（如低pH、含盐废水、低温等）下，仍然能够维持硝化和反硝化作用。

1.2.2　厌氧氨氧化生物脱氮工艺

自从20世纪90年代发现AnAOB以来，由于Anammox脱氮系统无须氧气供应，无须添加碳源，具有节能低耗、高脱氮率的特点，有助于实现可持续发展目标，一直以来备受关注。但由于AnAOB生长所受制约因素较多，倍增速率较慢，为了提高工艺流程的稳定性与可靠性，常采用传统脱氮工艺与Anammox工艺结合的方式协同脱氮。

部分硝化-厌氧氨氧化工艺（partial nitrification-Anammox，PN-A）是一种常用的经济高效、低碳且可持续的废水处理生物脱氮工艺，其在单级或多级反应器系统中均表现出高脱氮率。与硝化-反硝化系统相比，PN-A在不需要添加有机物的情况下减少了约60%的溶解氧（dissolved oxygen，DO）需求，减少了约70%的污泥产量和约45%的碱度，减少温室气体排放。PN-A已成功应用于大型污水处理厂侧流处理系统。PN-A工艺主要成功应用于使用生物膜的反应器，生物膜系统具有避免生物量损失和提高AnAOB适应能力的特性，特别是较厚的生物膜（>0.1mm）可以保证污泥停留时间更长，更好地保护生物膜，使其不脱落、不受抑制。部分反硝化-厌氧氨氧化工艺（partial denitrification-Anammox，PD-A）作为一种具有发展前景的高效脱氮生物工艺，近来也备受关注。PD-A不需要曝气和DO，可以有效减少有机物需求量和污泥产量。此外，与硝化-反硝化系统相比，PD-A可以减少温室气体排放，减少N_2O的产生。Anammox还可以与除磷工艺联用，将污泥作为碳源补充到生物脱氮除磷单元中，提高脱氮除磷效率。夏等提出了一种 Anammox 与脱氮除磷结合的新型工艺系统，分离污水中的有机物，并截留悬浮固体和部分磷酸盐，再通过 Anammox 脱氮技术与传统的生物脱氮除磷工艺协同，去除污水中的氮、磷，能够实现低碳氮比条件及中高碳氮比条件下的高水平脱氮除磷。

1.2.3　厌氧氨氧化工艺的优化方式

AnAOB 的倍增周期长，对环境条件非常敏感，致使厌氧氨氧化工艺周期长，严重制约了该工艺的广泛应用。为了加速 Anammox 工艺的启动，提高 AnAOB 的适应能力与生长代谢，诸多优化 Anammox 工艺的手段得到广泛研究。

可以通过接种其他污泥，构建复合菌群，提高 AnAOB 复合菌群在非最适温度、pH、溶解氧、光照、有机物等条件下的适应能力和运行效果。

Anammox 工艺的启动可以通过增加诱导因素来加速，例如利用亚硝酸诱导、生物质电子转移诱导和中间产物诱导等方法。AnAOB 对 $NO_2^- $-N 基质具有较高的亲和力，这使得它们在与 NOB 竞争底物时具有优势，从而抑制了亚硝酸盐还原酶的基因表达和活性。在控制 $NO_2^- $-N 浓度适宜充分的同时，避免基质自抑制的发生，可以高效诱导 Anammox 反应的进行。通过改变反应的物料平衡状态，添加生化反应的中间产物，可以缩短反应启动周期。此外，投加联氨也可以加速 Anammox 反应的启动。

在反应器中添加填料可以有效减少 AnAOB 的流失，同时有助于加速反应器的启动。已成功应用的填料包括海绵、无纺布、鲍尔环填料、活性炭、Kaldnes 填料及改性聚乙烯填料等。杨等在序批式反应器（sequencing batch reactor，SBR）中添加彗星式丝状纤维滤料组成序批式生物膜反应器（sequen-cing biofilm batch reactor，SBBR），采用单一类型厌氧污泥作为接种污泥，接种城市污水处理厂二沉池回流浓缩污泥，在低基质进水条件下，用时 39 天成功启动 Anammox 工艺，达到 80% 以上的脱氮率。

温度下降不仅会直接影响工艺性能，还会影响微生物群落成员的生存。之前的研究报道，温度下降可能会阻碍 AnAOB 的生长，有时会导致暴露在低温下的 AnAOB 丰度明显下降，也有报道指出，AnAOB 的丰度在低温下没有显著变化。值得注意的是，AnAOB 生物膜在低温下似乎比悬浮生长更稳定，显示了污泥形态的重要性。Wang 等通过蛋白质组学分析研究了快速降温对 Anammox 工艺性能及其核心微生物种群代谢的影响，发现 AnAOB 的代谢对低温的响应程度高于异养细菌，快速降温可以有效启动 Anammox 工艺处理低温城市污水。

磁场可以影响微生物酶的活性，提高过氧化氢酶、过氧化物酶和三种磷酸酶的活性。Wang 等发现外加磁场的厌氧序批式反应器（anaerobic sequencing batch reactor，ASBR）与空载磁场反应器相对比，外加磁场的启动周期缩短了 15%，氨氮去除率提高了 2%，NH_4^+-N、NO_2^--N 和 NO_3^--N 的定量分析表明它们的变化值更接近理论值。外加磁场可以更好地提高微生物酶的活性，加速氨氧化菌在反应器中的富集，快速启动厌氧氨氧化工艺，有利于脱氮率的提高。

脉冲电场（pulsed electric field，PEF）会破坏细胞膜。但是，当 PEF 的电场强度足够低时，损伤的细胞膜是可以恢复的。此外，脉冲电场对细胞核膜和细胞器膜也有影响。因此，当 PEF 改变所有膜的透过率和厚度时，离子传递速度会提高。脉冲电场可以用于提高 Anammox 工艺启动速度和脱氮效果。Zhang 等对比了脉冲电场、直流电场和控制电抗器的影响，证明了 PEF 的优化效果最佳。PEF 通过提高 Anammox 工艺的关键酶活性和常温下 AnAOB 的相对丰度，缩短了 Anammox 工艺的启动时间，提高了工艺的脱氮效果。PEF 强化 Anammox 的机理可能是通过改变 PEF 下细胞膜的通透性来提高离子和分子的迁移速度。

1.3 厌氧氨氧化菌的特性

1.3.1 厌氧氨氧化菌的分类

AnAOB 的分布十分广泛，在海洋最低含氧区、淡水湖泊、泥炭土壤和污水处理厂等中均检测到 AnAOB 的存在。在自然界中，AnAOB 是低含氧区氮素损失的主要方式，在全球氮循环中扮演着重要角色；在工业上，Anammox 反应作为一种经济高效、绿色环保的脱氮方式，应用于污水处理工艺。

AnAOB 属于浮霉菌门（Planctomycetes）。截至目前，已发现的 AnAOB 共有五个菌属，即 *Ca. Scalindua*、*Ca. Kuenenia*、*Ca. Jettenia*、*Ca. Brocadia* 和 *Ca. Anammoxglobus*，其中包含至少 22 个暂定种。由于 AnAOB 的生长速度缓慢，生物产量较低，且在氧气和高浓度亚硝酸盐的条件下易失活，迄今为止，尚未在实验室中分离培育出任何纯 AnAOB。每个属或种都具有不同的生理特征，适应特定的生态环境。AnAOB 的地理分布明显受盐度的影响，*Ca. Scalindua* 主要于海洋生态系统中检测到，因此被认为是一个海洋属，而其他四个属大多于低盐度生态系统中检测到。

1.3.2 厌氧氨氧化菌的形态特征

AnAOB 形态多样，呈球形、卵形等，直径 $0.8 \sim 1.1 \mu m$。AnAOB 是革兰氏阴性菌，细胞外无荚膜，细胞壁表面有火山口状结构，少数有菌毛。细胞内分隔成 3 部分：厌氧氨氧化体（anammoxosome）、核糖细胞质（riboplasm）及外室细胞质（paryphoplasm）。核糖细胞质中含有核糖体和拟核，大部分 DNA 存在于此；厌氧氨氧化体是 AnAOB 所特有的结构，占细胞体积的 $50\% \sim 80\%$，Anammox 反应在其内进行。厌氧氨氧化体由双层膜包围，该膜深深陷入厌氧氨氧化体内部。厌氧氨氧化体不含核糖体，但含六角形的管状结构和电子密集颗粒，透射电镜及能谱仪分析表明，这些电子密集颗粒中含有铁元素。

AnAOB 的富集培养选用自然样品（如活性污泥、海洋底泥、土壤）作为接种物，按目标菌群所需的最佳生境条件，以含有适量基质和营养元素的培养液在生物反应器中进行。富集培养物呈红色，性状黏稠，含有较多的胞外聚合物。

1.3.3 厌氧氨氧化菌的反应原理及代谢途径

自 AnAOB 发现以来，对其代谢过程的研究不断深入，共经历了三个阶段，形成了目前所认为的反应机制，即 Kartal 等通过同位素标记及蛋白质组学的手段研究提出的代谢方式，如式（1.1）～式（1.4）所示。

$$NO_2^- + 2H^+ + e^- \longrightarrow NO + H_2O \tag{1.1}$$

$$NO + NH_4^+ + 2H^+ + 3e^- \longrightarrow N_2H_4 + H_2O \tag{1.2}$$

$$N_2H_4 \longrightarrow N_2 + 4H^+ + 4e^- \tag{1.3}$$

$$NH_4^+ + NO_2^- \longrightarrow N_2 + 2H_2O \tag{1.4}$$

该代谢途径认为，在含有细胞色素 C 和细胞色素 d1 的亚硝酸盐还原酶（nitrite reductase，NiR）的作用下，NO_2^- 先被还原成 NO；然后在联氨合成酶（hydrazine synthetase，HZS）的作用下，NO 与 NH_4^+ 缩合成 N_2H_4；最后在联氨脱氢酶或羟胺氧化还原酶（hydroxylamine oxidoreductase，HAO）的作用下，N_2H_4 氧化成 N_2，释放的 4 个电子通过细胞色素 C、泛醌、细胞色素 bc1 复合体、其他细胞色素 C 的传递而交给 NiR 和 HZS，其中 1 个电子给 NiR，3 个电子给 HZS。伴随着电子传递，质子被排至厌氧氨氧化体膜外侧，在该膜两侧形成质子动力差，加速三磷酸腺苷（ATP）和还原型烟酰胺腺嘌呤二核苷酸磷酸（NADPH）的合成。

AnAOB 代谢过程是在多种酶的催化下完成的，主要包括亚硝酸盐还原酶、硝酸盐还原酶（nitrate reductase，NaR）、羟胺氧化还原酶、联氨合成酶、联氨脱氢酶（HDH）等。NiR、NaR、HAO 在好氧氨氧化细菌和反硝化细菌中均能发现，但好氧氨氧化细菌和反硝化细菌中的 HAO 与 AnAOB 中的 HAO 功能有差异。前者能将 NO 转化为羟胺，同时也能将羟胺转化为亚硝酸；后者能将羟胺转化为 NO，并且能催化氧化 N_2H_4。联氨水解酶（HH）、HDH 是 AnAOB 特有的代谢酶。AnAOB 会分泌大量的胞外聚合物，使分离纯化 AnAOB 代谢酶的困难加大。截至目前，AnAOB 代谢酶中，研究较为深入的是 HAO 和 HDH。HAO 和 HDH 均具有催化氧化 N_2H_4 的功能，但是其活性受到 NH_2OH 浓度的影响。当 NH_2OH 浓度大于 $2.4\mu mol/L$ 时，HDH 活性完全被抑制，此时，HAO 催化氧化 NH_2OH 和 N_2H_4。当 HAO 催化氧化 NH_2OH，使 NH_2OH 浓度低于 $2.4\mu mol/L$ 时，HDH 活性恢复。此时，HAO 和 HDH 共同催化氧化 N_2H_4。Kartal 等在研究 Candidatus "Kuenenia stuttgartiensis" 菌时发现，如果存在 NH_2OH 或 NO，HDH 的活性受到抑制，此时会出现短暂的 N_2H_4 积累。在 Candidatus "Kuenenia stuttgartiensis" 菌株中，有许多类似于血红素 C 蛋白的物质存在于 HAO 和 HDH 的周围，经过实验发现，这是一种只有 25 kDa 的二聚细胞色素 C，特征吸收波长在 419nm。

1.3.4 厌氧氨氧化菌生态系统中的多菌共生

在以 Anammox 为基础的生态系统中，存在一个多菌种共生网络。这个网络不仅包括基于硝酸盐、亚硝酸盐和氨基酸代谢的微生物的相互作用，还可能具有一系列更为复杂的群落和功能特征。这些群落和功能的动态变化很大程度上影响着微生物的共生状态，反应器的性能也会随之改变。这为通过调控功能菌丰度来改善反应器性能提供了一种发展方向。Anammox 生物反应器启动过程中，多种细菌相互通信，并具有复杂的相互交织关系。启动初期的细菌通信相较于高负荷阶段更为活跃，这与细菌多样性的逐渐降低有关。$HdtS$ 是产生种内信号分子酰基高丝氨酸内酯（AHL）的关键基因之一，$RpfF$ 是产生种内和种间信号分子扩散信号因子（DSF）的关键基因，$HdtS$ 和 $RpfF$ 是 Anammox 群落中最重要的细菌交流载体。除了经常报道的底物共利用外，这些细菌之间还存在潜在的与通信相关的相互作用和相互影响。

1.4 新污染物及重金属对厌氧氨氧化的影响

1.4.1 微塑料

微塑料是指颗粒尺寸小于 5mm 的塑料，被视为环境新污染物之一，主要来源于塑料用品的风化降解及个人护理品中的微塑料颗粒。微塑料在环境水体中普遍存在，水生生态系统中的氮转化主要由微生物驱动。微塑料不仅能作为生物膜和各种污染物的载体，加速污染物传播；也可以被生物体吸收，在生物体内的积累可能会直接损伤微生物细胞膜导致细胞裂解，或与细胞表面的生物分子结合增加与关键酶的接触机会对功能酶进行抑制，使参与氮循环和有机分解的关键微生物数量减少，从而改变微生物的代谢途径和群落结构，对生物造成慢性毒性，影响水和沉积物中氮的转化。据报道，微塑料在世界各地的污水处理厂的进出水中均能检出，Franco 等在污水处理厂的进水和出水中都观察到了微塑料的存在，在污水处理厂预处理和初级处理中去除效率为 $40.7\%\sim 91.7\%$，二级处理去除效率为 $28.1\%\sim 66.7\%$。聚乙烯（polyethylene，PE）、聚氯乙烯（polyvinyl chloride，PVC）和聚苯乙烯（polystyrene，PS）等塑料的密度通常低于或非常接近水的密度，但水力作用和生物作用会导致微塑料在河流和湖泊沉积物中缓慢下沉和聚集。因此污泥中也能检出微塑料，其存在会抑制氨的生物转化、硝化细菌的丰度、反硝化细菌的功能和酚类化合物的降解活性。

研究表明，不同浓度的微塑料对厌氧氨氧化颗粒污泥（Anammox granular sludge，AnGS）的特性有不同程度的影响。Tang 等发现在 0.5g/L PVC 的胁迫下，Anammox 污泥中蛋白质、多糖含量增加导致疏水性降低，污泥结构松散，氨和亚硝酸盐脱氮性能分别降低了 6.2% 和 11.6%。Liu 等观察到，在 AnGS 系统中，随着 PVC 浓度从 1mg/L 增加到 50mg/L，Anammox 受抑制作用增强。聚对苯二甲酸乙二醇酯（polyethylene terephthalate，PET）是污水处理厂中发现的最普遍的微塑料之一，由于其高密度和高 ζ 电位，PET 微塑料更容易通过沉淀和静电吸引而保留在污泥系统中。Hong 等实验发现 1.0g/L 的 PET 胁迫下 Anammox 活性下降 16.2%，随着 PET 含量的增加，与能量代谢、辅因子和维生素代谢相关的 Anammox 属和基因丰度降低，厌氧颗粒污泥的强度和结构稳定性减弱。微生物细胞和 PET 之间相互作用产生的活性氧导致细胞氧化应激是抑制 Anammox 的主要原因。

废水中存在各种粒径的微塑料，其对微生物的影响可能因其粒径而异。在活性污泥的硝化和反硝化过程中，氨、亚硝酸盐、硝酸盐和磷的去除效率明显随不同尺寸聚苯乙烯微塑料而波动，氨氧化动力学系数与聚苯乙烯的粒径呈显著相关。洪贤韬等还探索了 PET 微塑料粒径对 AnGS 的影响，PET 微塑料粒径越小，胞外聚合物（extracellular polymeric substance，EPS）分泌及蛋白质和多糖比越高，厌氧颗粒污泥结构越不完整，并且微塑料粒径大小也对 AnAOB 属相对丰度影响显著。

1.4.2 抗生素

废水中残留的抗生素会影响包括 Anammox 工艺在内的水处理工艺性能，与硝化菌和反硝化菌相比，AnAOB 对抗生素具有独特的反应特性和敏感性。作为四环素类药物的代表，土霉素可以强烈抑制污水生物处理过程中的大多数微生物。当土霉素浓度达到 2mg/L 时，Anammox 开始受到抑制。Wang 等探讨了浓度为 50~400mg/L 的土霉素对 AnGS 的影响，发现土霉素可强烈抑制厌氧氨氧化菌，抑制常数为 188.5mg/L。Zhang 等研究了土霉素对 Anammox 过程的影响，长期测定半数抑制浓度为 10.47mg/L，土霉素浓度升至 40mg/L，氮去除率从 0.536kg/(m³ · d) 降至 0.395kg/(m³ · d)。在土霉素的胁迫下，厌氧氨氧化菌对亚硝酸盐的耐受性降低，颗粒结构发生变化。研究表明，土霉素的加入会削弱厌氧氨氧化菌与参与辅因子和次级代谢产物代谢的共生细菌之间的代谢相互作用，导致 Anammox 活性较差。低浓度（100μg/L）四环素长期胁迫对 Anammox 反应器无影响，1000μg/L 四环素会使反应器功能下降。此外，厌氧氨氧化反应器在 0.1mg/L 磺胺甲噁唑（sulfamethoxazole，SMX）

胁迫 30 天后总氮去除效率降低了 30.7%，比厌氧氨氧化活性（specific Anammox activity，SAA）显著降低 54.4%，而后在持续的 0.1~1mg/L 浓度胁迫下 SAA 无明显差异，说明 AnAOB 可以耐受 0.1~1mg/L 的 SMX。低剂量的土霉素和 SMX 单独或复合胁迫对厌氧氨氧化性能的影响几乎相同，AnAOB 对 SMX 的敏感性高于土霉素。

AnAOB 独特的三层膜结构和梯形脂质成分表现出独特的抗生素耐药性特征。厌氧氨氧化体是 AnAOB 独特的细胞器，是厌氧反应大量细胞色素 C 蛋白和酶参与厌氧反应的分解代谢的位点。血红素 C 是氧化还原蛋白的重要组成部分，在研究过程中，随着土霉素浓度的持续增加，血红素 C 的含量也会有所下降。此外，也有研究表明接触四环素会导致生物膜的群落结构发生实质性变化。红霉素和螺旋霉素也能抑制厌氧氨氧化酶的活性。

有研究表明 AnAOB 通过分泌更多的胞外聚合物来缓解多种抗生素胁迫。EPS 对低浓度抗生素无反应，高浓度抗生素首先导致 EPS 含量降低，但是蛋白质/多糖（protein/polysaccharide，PN/PS）减小是缓解抗生素应激的策略，而后持续增加的抗生素使 EPS 大量分泌，与抗生素结合阻止其进入细菌。例如，EPS 吸收红霉素分子并延迟其渗透到细胞中，10mg/L 红霉素能引起严重且不可逆的抑制。

近年水环境中有越来越多的抗生素抗性基因（antibiotic resistance genes，ARGs）被检出。有研究表明，AnAOB 通过增加 ARGs 丰度来缓解抗生素应激。AnAOB 通过产生 ARGs 而获得的耐药性可能是抵御外部胁迫的防御机制。AnAOB 是典型的生长缓慢的微生物，倍增时间为 11d。生长缓慢的细菌更容易产生耐药性。1 型整合子整合酶（Intl1）对细菌中 ARGs 的发生和传播起重要作用，其丰度变化和大多数 ARGs 变化一致。功能基因 $hzsA$ 是联氨合成酶基因，是 AnAOB 的标志物。污染物的加入使二者绝对丰度显著降低，阻碍 Anammox 过程，进一步降低了脱氮性能。功能基因丰度的增加被认为是一种自我调节信使核糖核酸（mRNA）水平的防御机制。四环素和 SMX 都能够增加反硝化基因的丰度，低浓度的 SMX 作为碳源促进了反硝化过程，使 AnAOB 处于较差的生态位，使其脱氮性能下降。ARGs 丰度增加和菌群变化对缓解 SMX 胁迫有积极作用。

厌氧氨氧化微生物会通过改变群落结构和功能来抵抗抗生素胁迫。相关研究表明，抗生素暴露后，优势菌种由 Candidatus "Anammoxglobus propionicus" 转为 Ca. Kuenenia。膜生物反应器中的 Ca. Brocadia 变为 Ca. Kuenenia。

因为后者对亚硝态氮的亲和力更强，*Ca. Kuenenia* 可能是 *K*-策略者。在饥饿条件下，*K*-策略型生物更能争夺基质。低氮负荷条件下，AnAOB 的优势菌群转变为具有高氨氮亲和力的 *Ca. Kuenenia*。*Ca. Kuenenia* 有很强的恢复能力，在亚硝酸盐还原酶活性最低时其丰度最低，它的丰度代表 Anammox 性能。*Azoarcus*、*Phaselicystis* 和 *Oceanibaculum* 还可通过降解抗生素来缓解厌氧氨氧化系统中的抗生素压力。

总体来说 Anammox 在应对抗生素时，首先分泌 EPS 形成保护层，其次优势菌群成为潜在的耐药菌种，优势微生物通过调控功能基因适应外界干扰，最后在持续的抗生素胁迫下，细菌通过水平基因转移和垂直基因遗传介导的 ARGs 丰度升高可能使污泥中耐药菌富集。由于含氨废水的组分多、反应复杂，在实际处理中往往比较复杂。微塑料和抗生素的共存也可能具有协同或拮抗作用。Zhang 等研究表明，微塑料纤维在污泥厌氧消化过程中对胞外 ARGs 存在潜在影响，胞外 ARGs 可以通过自然转化被细菌同化从而导致抗生素耐药性细菌的绝对丰度和相对丰度都随微塑料纤维的暴露而增加。Fu 等研究发现，微塑料聚酰胺和舍曲林的共存会显著降低活性污泥的沉降能力，反硝化微生物会受到抑制，代谢功能和参与氮代谢途径的关键酶活性显著降低。Wang 等研究了微塑料聚酰胺和广谱抗生素头孢氨苄长期胁迫下的 Anammox 反应机制，表明聚酰胺能够通过吸附促进头孢氨苄积累，引起 Anammox 的氧化应激导致 Anammox 过程的性能恶化。微塑料和抗生素之间的潜在吸附可能会因其生物利用和生物放大作用等而引起严重的环境问题。

1.4.3 重金属

与大多有机物不同，重金属是不可生物降解的，在水环境中累积会对微生物活动产生不利影响。事实上，Anammox 对某些低浓度金属压力存在一定抗性，某些低浓度重金属作为微量元素可以促进 AnAOB 的生长和活性。但是，超过一定阈值的重金属浓度会对 AnAOB 产生严重的毒性作用，导致 Anammox 工艺性能恶化。有报道称 6.61mg/L Fe(III) 加入对 Anammox 反应器性能有轻微提升。Chen 等发现 5mg/L Fe(II) 会使 AnAOB 产生急性休克，在短期抑制后活性恢复。而 Fe(II) 浓度提高到 50mg/L 时，氮的去除率被抑制到初始去除率的 50% 并且无法恢复。Cu(II) 和 Ni(II) 的有益浓度范围分别为 $0.25\sim1.00$mg/L 和 $0.20\sim1.74$mg/L。Yang 等报道，5.00mg/L Cu(II)

严重抑制了 Anammox-升流式厌氧污泥床（UASB）反应器的脱氮性能，氮去除率在 9 天内降至原始值的 22.00%。添加 Cd(Ⅱ) 显著抑制 Anammox 生物膜的脱氮性能，停止添加 Cd(Ⅱ) 后，系统性能也会继续下降。重金属毒性分为重毒性〔Hg，Cd，Zn，Cu，Cr(Ⅳ)〕、中毒性（Ni，Ag）和轻毒性（Pb 和 As）。

EPS 是微生物细胞产生的复杂聚合物混合物，可以吸附水中的有机物。微生物通过分泌 EPS 形成网络结构作为细胞的保护机制，免受外界干扰。EPS 是抵抗重金属污染的第一道屏障。胞外蛋白在电子传递过程中形成屏障，起到保护细胞的重要作用。松散的蛋白结构导致肽链展开，氧化还原活性位点增多，进一步降低了胞外蛋白通过削弱电子传递过程进行阻滞的保护作用。因此污染物质的加入直接影响了胞外蛋白的保护作用，进一步使细菌更容易受到环境变化的影响。污染物胁迫后的 EPS 具有较高的 Zeta 电位，高绝对值的 Zeta 电位增强胶体的静电斥力从而减少胶体聚集，形成更分散的胶体体系，提高 EPS 的渗透性。致密颗粒污泥比结构松散的污泥更具耐受性。Ma 等发现，在 AnGS 中暴露于 As(Ⅲ) 时，PN 含量增加，而 PS 含量相对稳定。可能是 PN 含大量金属结合位点，如—COO^-、—NH_2、—OH 可以结合金属离子。EPS 将大部分重金属吸附在 AnGS 表面，大大减少污泥中细菌的直接接触。但 EPS 仅能在低金属浓度下保护细胞，且随着金属浓度的增加，EPS 的保护能力会减弱。高 EPS 分泌会严重影响微生物传质，导致反应器性能下降。

8nm 大小的颗粒可以直接穿过生物膜进入细菌内部。重金属离子能够进入细胞并取代生命活动所需的金属阳离子，从而影响细菌的生理功能。与其他类型的细菌相比，AnAOB 对铁元素的需求相对较高。纳米铁与水接触形成的二价铁可与胞内物质结合，促进菌的生长代谢。在 AnAOB 中，主要负责脱氮的酶是亚硝酸盐还原酶、联氨合成酶和联氨脱氢酶，这些酶都是铁结合酶。重金属对 Anammox 脱氮产生影响，其中一个原因是进入废水系统的重金属能够与微生物酶发生化学结合。金属离子在细胞内渗透后会干扰酶活性位点和核酸，破坏膜的完整性，触发 K^+ 等关键物质的释放，最后导致细胞死亡。厌氧氨氧化体膜结构可保护细菌的代谢不受抑制。在铁纳米颗粒（FeNPs）暴露下，厌氧细菌保持了完整的细胞和厌氧酶体结构，而非厌氧细菌的结构被破坏。1~4mmol/L 的 FeNPs 均能增强 AnGS 的脱氮性能。由于 AnAOB 具有独特的厌氧氨氧化体结构，与其他细菌相比，纳米金属离子对 AnAOB 细胞结构的影响较小。

1.5 新污染物影响的厌氧氨氧化活性恢复

在恢复阶段，由于 AnAOB 对环境条件的敏感性，Anammox 过程是一个"脆弱"的系统。抗生素、微塑料和重金属的出现可能会抑制厌氧氨氧化酶的活性，并进一步导致生物系统的恶化。一些毒性较强的抗生素会导致细菌结构受损甚至死亡，导致细菌活性恢复更加困难。AnAOB 可能在污染物的长期胁迫下使微生物产能过剩，因此在解除胁迫时，SAA 可能会进一步增强。Yang 等研究了土霉素胁迫后 Anammox 的恢复情况。高浓度的土霉素对 AnAOB 的细胞膜造成了较为严重的损伤，导致反应器总氮去除速率骤减并且化学计量比剧烈波动。在降低进水氮负荷和土霉素投加浓度后，Anammox 反应器的脱氮性能仍处在较低水平，通过两次外加新鲜的厌氧氨氧化污泥，并经历了较长时间的恢复后，氮去除速率才基本恢复至初始水平。

在恢复阶段，可以通过调节进水基质浓度和水力停留时间来人为缓解抑制作用。与抗生素污染相关的最重要问题之一是抗生素耐药细菌（antibiotic resistant bacteria，ARB）和抗生素抗性基因（ARGs）的产生和转移。Anammox 系统对头孢氨苄和聚酰胺的可逆性主要归因于 300 天驯化过程中 ARGs 的积累和微生物群落的演替。在处理含多种抗生素的复杂废水时，可通过适当设置中水回流装置来稀释进水的氮负荷（NLR）。Mohammd 等研究表明，颗粒活性炭被用作添加剂可以减轻由聚苯乙烯纳米塑料和 ARGs 传播引起的厌氧消化抑制作用。EPS 是细菌外围的一层保护屏障，主要由蛋白质和多糖组成，可以起到隔离外界有害物质并保持内部环境相对稳定的作用。EPS 的分泌是 AnAOB 群抵御有害环境的重要方式。随着抗生素浓度的增加，EPS 含量也相应增加，可能是由于微生物在高浓度抗生素胁迫下死亡释放出 EPS。EPS 保护系统的损伤会导致 AnAOB 丰度下降，进一步造成脱氮性能恶化。

海洋厌氧氨氧化菌（marine Anammox bacteria，MAB）在复合抗生素的长期胁迫下大量死亡，污泥活性被抑制甚至丧失，导致颗粒污泥解体，部分污泥呈黑色。另外有研究认为在死亡菌体水解过程中会产生硫化物，导致 AnAOB 污泥被硫化物覆盖而呈黑色。在恢复过程中，功能基因的上调对 MAB 脱氮能力的恢复起到了重要作用，最终随着 MAB 脱氮能力的稳定而略微下降。

◆ **参考文献** ◆

［1］ Yang Y, Zhang X R, Jiang J Y, et al. Which micropollutants in water environments deserve more attention globally? ［J］. Environmental Science & Technology, 2022, 56 (1): 13-29.

［2］ 张子辰, 王玉, 谢宇煊, 等. 供水系统中典型新污染物污染状况及水处理去除特性综述 ［J］. 环境卫生学杂志, 2025, 15 (01): 1-11.

［3］ 魏昕宇. 塑料的世界 ［M］. 北京: 科学出版社, 2019.

［4］ Andrady A L. The plastic in microplastics: A review ［J］. Marine Pollution Bulletin, 2017, 119 (1): 12-22.

［5］ Huang Y, Li W, Gao J, et al. Effect of microplastics on ecosystem functioning: Microbial nitrogen removal mediated by benthic invertebrates ［J］. Science of the Total Environment, 2021, 754: 142133.

［6］ Xiong X, Bond T, Saboor S M, et al. The stimulation of microbial activity by microplastic contributes to membrane fouling in ultrafiltration ［J］. Journal of Membrane Science, 2021, 635: 119477.

［7］ Raju S, Carbery M, Kuttykattil A, et al. Transport and fate of microplastics in wastewater treatment plants: Implications to environmental health ［J］. Reviews in Environmental Science and Bio/Technology, 2018, 17 (4): 637-653.

［8］ Zhang X, Chen J, Li J. The removal of microplastics in the wastewater treatment process and their potential impact on anaerobic digestion due to pollutants association ［J］. Chemosphere, 2020, 251: 126360.

［9］ 张雪峰. 城市污水处理厂中微塑料的迁移、赋存特征及深度去除研究 ［D］. 镇江: 江苏大学, 2022.

［10］ Pandey R P, Yousef A F, Alsafar H, et al. Surveillance, distribution, and treatment methods of antimicrobial resistance in water: A review ［J］. Science of the Total Environment, 2023, 890: 164360.

［11］ Hou J, Wang C, Mao D, et al. The occurrence and fate of tetracyclines in two pharmaceutical wastewater treatment plants of Northern China ［J］. Environmental Science and Pollution Research, 2016, 23: 1722-1731.

［12］ Kouba V, Hůrková K, Navrátilová K, et al. On anammox activity at low temperature: Effect of ladderane composition and process conditions ［J］. Chemical Engineering Journal, 2022, 445: 136712.

［13］ Lang X, Li Q, Ji M, et al. Isolation and niche characteristics in simultaneous nitrification and denitrification application of an aerobic denitrifier, *Acinetobacter* sp. YS2 ［J］. Bioresource Technology, 2020, 302: 122799.

［14］ Liang B, Zhang K, Liu D, et al. Exploration and verification of the feasibility of sulfur-based autotrophic denitrification process coupled with vibration method in a modified anaerobic baffled reactor for wastewater treatment ［J］. Science of the Total Environment, 2021, 786: 147348.

［15］ Gadd G M, Sariaslani S. Advances in applied microbiology ［M］. Amsterdam: Academic

Press, 2019.

[16] Xi H, Zhou X, Arslan M, et al. Heterotrophic nitrification and aerobic denitrification process: Promising but a long way to go in the wastewater treatment [J]. Science of the Total Environment, 2022, 805: 150212.

[17] Yan Y, Lu H, Zhang J, et al. Simultaneous heterotrophic nitrification and aerobic denitrification (SND) for nitrogen removal: A review and future perspectives [J]. Environmental Advances, 2022, 9: 100254.

[18] Du R, Cao S, Zhang H, et al. Flexible nitrite supply alternative for mainstream Anammox: Advances in enhancing process stability [J]. Environmental Science & Technology, 2020, 54 (10): 6353-6364.

[19] Ahmed S M, Rind S, Rani K. Systematic review: External carbon source for biological denitrification for wastewater [J]. Biotechnology and Bioengineering, 2023, 120 (3): 642-658.

[20] Chang M, Liang B, Zhang K, et al. Simultaneous shortcut nitrification and denitrification in a hybrid membrane aerated biofilms reactor (H-MBfR) for nitrogen removal from low COD/N wastewater [J]. Water Research, 2022, 211: 118027.

[21] Ashok V, Hait S. Remediation of nitrate-contaminated water by solid-phase denitrification process: A review [J]. Environmental Science and Pollution Research, 2015, 22 (11): 8075-8093.

[22] Chang M, Wang Y, Pan Y, et al. Nitrogen removal from wastewater via simultaneous nitrification and denitrification using a biological folded non-aerated filter [J]. Bioresource Technology, 2019, 289: 121696.

[23] Ouyang L, Wang K, Liu X, et al. A study on the nitrogen removal efficacy of bacterium Acinetobacter tandoii MZ-5 from a contaminated river of Shenzhen, Guangdong Province, China [J]. Bioresource Technology, 2020, 315: 123888.

[24] Chen J, Gu S, Hao H, et al. Characteristics and metabolic pathway of *Alcaligenes* sp. TB for simultaneous heterotrophic nitrification-aerobic denitrification [J]. Applied Microbiology and Biotechnology, 2016, 100 (22): 9787-9794.

[25] Xiang Y, Shao Z, Chai H, et al. Functional microorganisms and enzymes related nitrogen cycle in the biofilm performing simultaneous nitrification and denitrification [J]. Bioresource Technology, 2020, 314: 123697.

[26] 刘丽珂. 异养硝化-好氧反硝化菌的筛选及其脱氮性能研究 [D]. 武汉: 华中农业大学, 2022.

[27] Huang F, Pan L, He Z, et al. Culturable heterotrophic nitrification-aerobic denitrification bacterial consortia with cooperative interactions for removing ammonia and nitrite nitrogen in mariculture effluents [J]. Aquaculture, 2020, 523: 735211.

[28] Huang X, Duddy O P, Silpe J E, et al. Mechanism underlying autoinducer recognition in the *Vibrio cholerae* DPO-VqmA quorum-sensing pathway [J]. Journal of Biological Chemistry, 2020, 295 (10): 2916-2931.

[29] Wang Y, Li B, Xue F, et al. Partial nitrification coupled with denitrification and anammox to treat landfill leachate in a tower biofilter reactor (TBFR) [J]. Journal of Water Process Engineering, 2021, 42: 102155.

[30] Al-Hazmi H E, Lu X, Grubba D, et al. Sustainable nitrogen removal in anammox-mediated systems: Microbial metabolic pathways, operational conditions and mathematical modelling

[J]. Science of the Total Environment, 2023, 868: 161633.

[31] Li X, Feng Y, Zhang K, et al. Composite carrier enhanced bacterial adhesion and nitrogen removal in partial nitrification/anammox process [J]. Science of the Total Environment, 2023, 868: 161659.

[32] 夏琼琼, 郑兴灿, 王雅雄, 等. 主流工艺厌氧氨氧化系统模式与工艺路线研究 [J]. 水处理技术, 2020, 11: 17-21.

[33] 张星星, 王昕竹, 印雯, 等. 厌氧氨氧化工艺快速启动策略研究进展 [J]. 水处理技术, 2020, 11: 22-29.

[34] Ganesan S, Vadivelu V M. Effect of external hydrazine addition on anammox reactor start-up time [J]. Chemosphere, 2019, 223: 668-674.

[35] 杨瑞丽, 王晓君, 吴俊斌, 等. 厌氧氨氧化工艺快速启动策略及其微生物特性 [J]. 环境工程学报, 2018, 12 (12): 59-68.

[36] 杨开亮, 廖德祥, 王莹, 等. 厌氧氨氧化快速启动及微生物群落演替研究 [J]. 水处理技术, 2020, 46 (05): 65-70.

[37] de Cocker P, Bessiere Y, Hernandez-Raquet G, et al. Enrichment and adaptation yield high anammox conversion rates under low temperatures [J]. Bioresource Technology, 2018, 250: 505-512.

[38] Sánchez Guillén J A, Lopez Vazquez C M, de Oliveira Cruz L M, et al. Long-term performance of the Anammox process under low nitrogen sludge loading rate and moderate to low temperature [J]. Biochemical Engineering Journal, 2016, 110: 95-106.

[39] Reino C, Suárez-Ojeda M E, Pérez J, et al. Stable long-term operation of an upflow anammox sludge bed reactor at mainstream conditions [J]. Water Research, 2018, 128: 331-340.

[40] Seuntjens D, Carvajal Arroyo J M, van Tendeloo M, et al. Mainstream partial nitration/ anammox with integrated fixed-film activated sludge: Combined aeration and floc retention time control strategies limit nitrate production [J]. Bioresource Technology, 2020, 314: 123711.

[41] Li X, Sun S, Yuan H, et al. Mainstream upflow nitration-anammox system with hybrid anaerobic pretreatment: Long-term performance and microbial community dynamics [J]. Water Research, 2017, 125: 298-308.

[42] Wang S, Ishii K, Yu H, et al. Stable nitrogen removal by anammox process after rapid temperature drops: Insights from metagenomics and metaproteomics [J]. Bioresource Technology, 2021, 320: 124231.

[43] Wang J, Yu C, Zhang S, et al. Study on rapid start-up of Anammox process under the influence of magnetic field [J]. E3S Web of Conferences, 2018, 53: 03051.

[44] Zhang C, Li L, Hu X, et al. Effects of a pulsed electric field on nitrogen removal through the ANAMMOX process at room temperature [J]. Bioresource Technology, 2019, 275: 225-231.

[45] Oshiki M, Satoh H, Okabe S. Ecology and physiology of anaerobic ammonium oxidizing bacteria [J]. Environmental Microbiology, 2016, 18 (9): 2784-2796.

[46] Devol A H. Denitrification, Anammox, and N_2 production in marine sediments [J]. Annual Review of Marine Science, 2015, 7 (1): 403-423.

[47] Zhou Z, Wei Q, Yang Y, et al. Practical applications of PCR primers in detection of anam-

mox bacteria effectively from different types of samples [J]. Applied Microbiology and Biotechnology, 2018, 102 (14): 5859-5871.

[48] Yang Y, Li M, Li H, et al. Specific and effective detection of anammox bacteria using PCR primers targeting the 16S rRNA gene and functional genes [J]. Science of the Total Environment, 2020, 734: 139387.

[49] Sonthiphand P, Hall M W, Neufeld J D. Biogeography of anaerobic ammonia-oxidizing (anammox) bacteria [J]. Frontiers in Microbiology, 2014, 5: 399.

[50] 张雨. 厌氧氨氧化污水处理技术研究进展 [J]. 山东化工, 2020, 14: 53-56.

[51] Peng M W, Guan Y, Liu J H, et al. Quantitative three-dimensional nondestructive imaging of whole anaerobic ammonium-oxidizing bacteria [J]. Journal of Synchrotron Radiation, 2020, 27 (3): 753-761.

[52] Kartal B, Maalcke W J, de Almeida N M, et al. Molecular mechanism of anaerobic ammonium oxidation [J]. Nature, 2011, 479 (7371): 127-130.

[53] Kostera J, Youngblut M D, Slosarczyk J M, et al. Kinetic and product distribution analysis of NO • reductase activity in Nitrosomonas europaea hydroxylamine oxidoreductase [J]. JBIC Journal of Biological Inorganic Chemistry, 2008, 13 (7): 1073-1083.

[54] Kartal B, Maalcke W J, de Almeida N M, et al. Molecular mechanism of anaerobic ammonium oxidation [J]. Nature, 2011, 479 (7371): 127-130.

[55] Speth D R, in't Zandt M H, Guerrero-Cruz S, et al. Genome-based microbial ecology of anammox granules in a full-scale wastewater treatment system [J]. Nature Communications, 2016, 7 (1): 11172.

[56] Lawson C E, Wu S, Bhattacharjee A S, et al. Metabolic network analysis reveals microbial community interactions in anammox granules [J]. Nature Communications, 2017, 8 (1): 15416.

[57] Tang X, Guo Y, Jiang B, et al. Metagenomic approaches to understanding bacterial communication during the anammox reactor start-up [J]. Water Research, 2018, 136: 95-103.

[58] 于颖, 赵奕锦, 董志强, 等. 水厂与污水厂对水体中微塑料的去除处理技术研究进展 [J]. 净水技术, 2023, 42 (06): 45-56.

[59] Zhang C, Yang X, Tan X, et al. Sewage sludge treatment technology under the requirement of carbon neutrality: Recent progress and perspectives [J]. Bioresource Technology, 2022, 362: 127853.

[60] Gkika D A, Tolkou A K, Evgenidou E, et al. Fate and removal of microplastics from industrial wastewaters [J]. Sustainability, 2023, 15 (8): 6969.

[61] Franco A A, Arellano J M, Albendín G, et al. Microplastic pollution in wastewater treatment plants in the city of Cádiz: abundance, removal efficiency and presence in receiving water body [J]. Science of the Total Environment, 2021, 776: 145795.

[62] Ngo P L, Pramanik B K, Shah K, et al. Pathway, classification and removal efficiency of microplastics in wastewater treatment plants [J]. Environmental Pollution, 2019, 255: 113326.

[63] Zhang Z, Deng C, Dong L, et al. Microplastic pollution in the Yangtze River Basin: heterogeneity of abundances and characteristics in different environments [J]. Environmental Pollution, 2021, 287: 117580.

[64] Fu S F, Ding J N, Zhang Y, et al. Exposure to polystyrene nanoplastic leads to inhibition of

anaerobic digestion system [J]. Science of the Total Environment, 2018, 625: 64-70.

[65] Huang Y, Li W, Gao J, et al. Effect of microplastics on ecosystem functioning: Microbial nitrogen removal mediated by benthic invertebrates [J]. Science of the Total Environment, 2021, 754: 142133.

[66] Tang L, Su C, Chen Y, et al. Influence of biodegradable polybutylene succinate and non-bio-degradable polyvinyl chloride microplastics on anammox sludge: Performance evaluation, suppression effect and metagenomic analysis [J]. Journal of Hazardous Materials, 2021, 401: 123337.

[67] Liu J, Ya T, Zhang M, et al. Responses of microbial interactions to polyvinyl chloride microplastics in anammox system [J]. Journal of Hazardous Materials, 2022, 440: 129807.

[68] Hong X, Niu B, Sun H, et al. Insight into response characteristics and inhibition mechanisms of anammox granular sludge to polyethylene terephthalate microplastics exposure [J]. Bioresource Technology, 2023, 385: 129355.

[69] He Y, Li L, Song K, et al. Effect of microplastic particle size to the nutrients removal in activated sludge system [J]. Marine Pollution Bulletin, 2021, 163: 111972.

[70] 洪先韬, 周鑫. 聚对苯二甲酸乙二醇酯微塑料对 Anammox 颗粒污泥的尺寸影响效应 [J]. 中国环境科学, 2023, 43 (12): 6406-6412.

[71] Wang S, Li J, Wang C, et al. Reaction of the anammox granules to various antibiotics and operating the anammox coupled denitrifying reactor for oxytetracycline wastetwater treatment [J]. Bioresource Technology, 2022, 348: 126756.

[72] Zhang N, Zhang X, Gao A, et al. Long-term inhibition of the antibiotic oxytetracycline on an upflow low-matrix Anammox biofilter [J]. Environmental Engineering Science, 2021, 38 (1): 41-49.

[73] Wang Q, Sun X, Fan W, et al. Insights into the response of anammox process to oxytetracycline: Impacts of static magnetic field [J]. Chemosphere, 2023, 340: 139821.

[74] Zhang Q Q, Bai Y H, Wu J, et al. Microbial community evolution and fate of antibiotic resistance genes in anammox process under oxytetracycline and sulfamethoxazole stresses [J]. Bioresource Technology, 2019, 293: 122096.

[75] Meng Y, Sheng B, Meng F. Changes in nitrogen removal and microbiota of anammox biofilm reactors under tetracycline stress at environmentally and industrially relevant concentrations [J]. Science of the Total Environment, 2019, 668: 379-388.

[76] Zhang Q, Wu J, Yu Y Y, et al. Microbial and genetic responses of anammox process to the successive exposure of different antibiotics [J]. Chemical Engineering Journal, 2021, 420: 127576.

[77] Ma W J, Ren Z Q, Yu L Q, et al. Deciphering the response of anammox process to heavy metal and antibiotic stress: Arsenic enhances the permeability of extracellular polymeric substance and aggravates the inhibition of sulfamethoxazole [J]. Chemical Engineering Journal, 2021, 426: 130815.

[78] Fu J J, Huang D Q, Bai Y H, et al. How anammox process resists the multi-antibiotic stress: resistance gene accumulation and microbial community evolution [J]. Science of the Total Environment, 2022, 807: 150784.

[79] Zhang L, Sun J, Zhang Z, et al. Polyethylene terephthalate microplastic fibers increase the release of extracellular antibiotic resistance genes during sewage sludge anaerobic digestion

[J]. Water Research, 2022, 217: 118426.

[80]   Fu B, Luo J, Xu R, et al. Co-impacts of the microplastic polyamide and sertraline on the denitrification function and microbial community structure in SBRs [J]. Science of the Total Environment, 2022, 843: 156928.

[81]   Wang Y, Huang D Q, Yang J H, et al. Polyamide microplastics act as carriers for cephalexin in the anammox process [J]. Chemical Engineering Journal, 2023, 451: 138685.

[82]   Sun F, Su X, Kang T, et al. Integrating landfill bioreactors, partial nitritation and anammox process for methane recovery and nitrogen removal from leachate [J]. Scientific Reports, 2016, 6 (1): 27744.

[83]   Mishra P, Burman I, Sinha A. Performance enhancement and optimization of the anammox process with the addition of iron [J]. Environmental Technology, 2021, 42 (26): 4158-4169.

[84]   Fan L, Li H, Chen Y, et al. Evaluation of the joint effects of Cu^{2+}, Zn^{2+} and Mn^{2+} on completely autotrophic nitrogen-removal over nitrite (CANON) process [J]. Chemosphere, 2022, 286: 131896.

[85]   Zhang X, Chen Z, Ma Y, et al. Acute and persistent toxicity of Cd(II) to the microbial community of Anammox process [J]. Bioresource Technology, 2018, 261: 453-457.

[86]   Yu C, Song Y X, Chai L Y, et al. Comparative evaluation of short-term stress of Cd(II), Hg(II), Pb(II), As(III) and Cr(VI) on anammox granules by batch test [J]. Journal of Bioscience and Bioengineering, 2016, 122 (6): 722-729.

[87]   Zhang Q, Zhang X, Bai Y H, et al. Exogenous extracellular polymeric substances as protective agents for the preservation of anammox granules [J]. Science of the Total Environment, 2020, 747: 141464.

[88]   Zhang Y, Geng J, Ma H, et al. Characterization of microbial community and antibiotic resistance genes in activated sludge under tetracycline and sulfamethoxazole selection pressure [J]. Science of the Total Environment, 2016, 571: 479-486.

[89]   Zhao H Z, Sun J J, Song J, et al. Direct electron transfer and conformational change of glucose oxidase on carbon nanotube-based electrodes [J]. Carbon, 2010, 48 (5): 1508-1514.

[90]   Li Z, Lu P, Zhang D, et al. Population balance modeling of activated sludge flocculation: investigating the influence of Extracellular Polymeric Substances (EPS) content and zeta potential on flocculation dynamics [J]. Separation and Purification Technology, 2016, 162: 91-100.

[91]   Ma W J, Ren Z Q, Yu L Q, et al. Deciphering the response of anammox process to heavy metal and antibiotic stress: arsenic enhances the permeability of extracellular polymeric substance and aggravates the inhibition of sulfamethoxazole [J]. Chemical Engineering Journal, 2021, 426: 130815.

[92]   Zeng W, Li F, Wu C, et al. Role of extracellular polymeric substance (EPS) in toxicity response of soil bacteria Bacillus sp. S3 to multiple heavy metals [J]. Bioprocess and Biosystems Engineering, 2020, 43 (1): 153-167.

[93]   Wang D, Tang G, Yang Z, et al. Long-term impact of heavy metals on the performance of biological wastewater treatment processes during shock-adaptation-restoration phases [J]. Journal of Hazardous Materials, 2019, 373: 152-159.

[94]   Poirier I, Kuhn L, Demortière A, et al. Ability of the marine bacterium Pseudomonas fluo-

rescens BA3SM1 to counteract the toxicity of CdSe nanoparticles [J]. Journal of Proteomics, 2016, 148: 213-227.

[95] Yin W, Li Y L, Xu W, et al. Unveiling long-term combined effect of salinity and Lead(Ⅱ) on anammox activity and microbial community dynamics in saline wastewater treatment [J]. Bioresource Technology, 2024, 402: 130767.

[96] Zhang Q, Cheng Y F, Huang B C, et al. A review of heavy metals inhibitory effects in the process of anaerobic ammonium oxidation [J]. Journal of Hazardous Materials, 2022, 429: 128362.

[97] Mohammad Mirsoleimani Azizi S, Zakaria B S, Haffiez N, et al. Granular activated carbon remediates antibiotic resistance propagation and methanogenic inhibition induced by polystyrene nanoplastics in sludge anaerobic digestion [J]. Bioresource Technology, 2023, 377: 128938.

[98] Zhang M Q, Yuan L, Li Z H, et al. Tetracycline exposure shifted microbial communities and enriched antibiotic resistance genes in the aerobic granular sludge [J]. Environment International, 2019, 130: 104902.

[99] Si P, Li J, Xie W, et al. Deciphering nitrogen removal mechanism through marine anammox bacteria treating nitrogen-laden saline wastewater under various phosphate doses: Microbial community shift and phosphate crystal [J]. Bioresource Technology, 2021, 325: 124707.

process of mg pilot aquaponic subdivision [J]. Journal of Cleaner Pro...
2023, 397: ...

2

厌氧氨氧化菌脱氮
效果、种群结构研究

2.1　引言

　　去除废水中的氮组分是当今的一个重要问题，因为这些组分会导致含氮废水的富营养化。传统的生物脱氮工艺主要包括硝化和反硝化两个步骤，然而，这些流程存在系统复杂、环境足迹大、运行成本高等问题。近年来，人们提出了一种高效去除废水中氨氮的方法，即厌氧氨氧化法。这一过程只需要一半的铵被硝化为亚硝酸盐，剩余的铵则可随后转化为氮。厌氧氨氧化菌属于浮霉菌门（Planctomycetes），以亚硝酸根为电子受体，在缺氧条件下氧化铵，产生氮气。

　　由于厌氧氨氧化菌倍增时间长（1～2周）和生物量低，厌氧氨氧化在实际中不易于应用。各种生物反应器已用于不同实验室的厌氧氨氧化微生物的富集，包括流化床（或固定床）、序批式反应器（SBR）、气体提升反应器等。人们成功研制了无纺织物反应器，用于厌氧氨氧化工艺的启动和长期运行。为研究厌氧氨氧化菌的脱氮效果，在实验室中将一套无纺布膜组件与厌氧反应器连接起来，探索实际应用效果。

2.2 实验材料与方法

2.2.1 实验装置

实验室使用的实验装置为自主设计的单级自养脱氮反应器，装置示意图如图 2.1 所示。采用底面外直径 35cm、内直径 30cm、总高度 40cm、内容积高度 33cm 的圆柱形有机玻璃反应器对厌氧氨氧化菌进行实验室扩培。反应器由蠕动泵控制自动运行，根据厌氧氨氧化菌所需进水配水，加热棒控制进水温度，水力停留时间（hydraulic residence time，HRT）为 24h。出水口位于反应器上部，通过溢流进行排水。反应器中添加无纺布作为填料对菌种进行固定，并采用连续搅拌，使反应器中的菌种均匀附着在无纺布上，对菌种进行反应器培养。

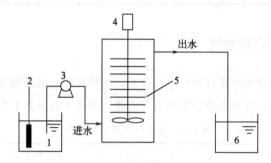

图 2.1 反应器装置示意图

1—进水水箱；2—加热棒；3—蠕动泵；4—搅拌器；5—无纺布填料；6—出水水箱

另外还需要加热棒维持水温，遮光布对实验装置进行遮光，溶氧仪测定水样中溶解氧的含量。对于水样中不同氮质的测定采用分光光度法，所用器材有移液枪、玻璃比色皿、石英比色皿，详细检测方法如 2.2.3 节所呈现。

用扫描电镜（JSM-5600LV，日本电子）观察生物膜的形态特征，在多聚甲醛溶液中用戊二醛固定无纺布样品，随后，样品通过 25%、50%、75%、90% 和 100% 的分级系列乙醇溶液脱水（每种浓度三次），然后用喷雾器涂金。

2.2.2 实验用水

实验研究以动态连续实验室小试为主，本实验采用人工配制的模拟污水，以 $(NH_4)_2SO_4$ 药剂配制所需的 NH_4^+-N 浓度，配水水质见表 2.1 和表 2.2。试剂纯度均为分析纯（analytical reagent，AR）。

表 2.1   人工模拟污水的主要成分

成分	浓度/(mg/L)	成分	浓度/(mg/L)
$KHCO_3$	1250	$MgSO_4 \cdot 7H_2O$	200
KH_2PO_4	25	$FeSO_4$	6.25
$CaCl_2 \cdot 2H_2O$	300	乙二胺四乙酸(EDTA)	6.25

表 2.2   微量元素溶液配方

成分	浓度/(mg/L)	成分	浓度/(mg/L)
EDTA	15000	$Na_2MoO_4 \cdot 2H_2O$	220
$ZnSO_4 \cdot 7H_2O$	430	$NiCl_2 \cdot 6H_2O$	190
$CoCl_2 \cdot 6H_2O$	240	$Na_2SeO_4 \cdot 10H_2O$	210
$MnCl_2 \cdot 4H_2O$	990	H_3BO_4	14
$CuSO_4 \cdot 5H_2O$	250	$Na_2WO_4 \cdot 2H_2O$	50

2.2.3   水样检测方法

实验过程中定期取水样进行水质分析，主要依照生态环境部颁布的标准方法，表 2.3 所示为各项水质分析项目与方法，表 2.4 所示为主要仪器和设备。

表 2.3   水质分析项目与方法

分析项目	分析方法
NH_4^+-N	纳氏试剂分光光度法
NO_2^--N	N-(1-萘基)-乙二胺分光光度法
NO_3^--N	紫外分光光度法

表 2.4   主要仪器和设备

仪器和设备名称	型号
pH 计	Hi98103 便携式 pH 计
电子天平	PTT-A300 电子天平
紫外分光光度计	UV-1800 紫外-可见分光光度计
加热器	BN-688 恒温加热棒

2.2.4   实验方法

新取来的菌种要重新复活其活性，因此要按照如 2.2.2 节的实验用水配方配制实验室模拟污水，即为实验装置进水，用加热棒控制水温在 30～37℃ 之间，pH 控制在 7～8 之间。根据厌氧氨氧化菌生长特性，其富集培养需要从菌体自溶期提高其活性至活性提高期，根据氨氮、亚硝态氮（亚硝酸盐氮）的去除量以及硝态氮（硝酸盐氮）的生成量来判断厌氧氨氧化菌活性是否提高成功。整个复活过程共 58 天，可分为 4 个阶段（如表 2.5 所示）。其中阶段 4，依据实验废水的浓度不同可分为：活性提高 Ⅰ 期，第 24～30 天；活性提高 Ⅱ 期，第 32～34 天；活性提高 Ⅲ 期，第 36～48 天；活性提高 Ⅳ 期，第 50～56 天；活性提高 Ⅴ 期，第 56～58 天。

表 2.5 复活过程各阶段参数和进水浓度

阶段名称	时间/d	进水 NH_4^+-N/(mg/L)	进水 NO_2^--N/(mg/L)
阶段 1 菌体自溶期	0～8	43～57	43～60
阶段 2 活性迟滞期	8～18	46～53	51～55
阶段 3 活性表达期	18～24	44～48	50～56
阶段 4 活性提高期	24～58	87～296	122～368

注：进水 NH_4^+-N 和 NO_2^--N 比例按 1∶1.32 配制，但实测值存在差异；在活性提高期，每次负荷提高，NH_4^+-N 以 50mg/L 提升，NO_2^--N 浓度随之相应提升。

2.2.5 扫描电子显微镜方法

采用扫描电子显微镜（scanning electron microscope，SEM）对反应结束后的颗粒污泥进行检测。

选取反应器中粒径小且均一的颗粒污泥，转移至离心管中，按照以下步骤进行预处理。①清洗：用去离子水重复清洗颗粒污泥 3 次，弃去上清液，随后用磷酸盐缓冲液（pH=7.0）冲洗 3 次去除污泥表面残留杂质。②固定：加入 2.5% 的戊二醛溶液，完全浸没样品后于 4℃ 冰箱静置固定 4～12h，固定结束后用磷酸盐缓冲液冲洗 3 次去除固定剂。③梯度脱水：依次采用浓度 50%、70%、80%、90% 无水乙醇进行梯度脱水，每次浸泡 10～15min，随后用浓度 100% 无水乙醇脱水 3 次，每次 10～15min。④置换处理：用无水乙醇-乙酸异戊酯（1∶1，体积比）混合溶液、100% 乙酸异戊酯进行置换处理，每次 10～15min，以降低样品的表面张力，避免临界点干燥过程中的结构损伤。⑤冷冻干燥：将样本用液氮速冻或者置于 -80℃ 超低温冰箱中冷冻 4～24h（视样本体积和含水量调整），由于无水乙醇的凝固点在 -114℃，上一步中需要确保置换去除无水乙醇以满足样本的凝固需求，最后将样本迅速移入预冷至−50℃的真空冷冻干燥机中，启动真空泵（真空度<10Pa），干燥24～48h。

电镜观察：将制好的样本固定在导电样品台上，用金薄层溅射镀膜，其参数根据样本特性与检测目标优化，最后使用SEM观察样本。

2.2.6　实时荧光定量PCR分析方法

采用实时荧光定量聚合酶链式反应（PCR）技术对微生物进行精确定量分析，其中使用引物338F/518R对总细菌进行定量测定，使用引物AMX809F/AMX1066R对浮霉菌进行定量测定，使用引物amoA-1F/amoA-2R对AOB进行定量测定，使用引物amoA-F/amoA-R对AOA进行定量测定，使用引物HzsF/HzsR对Anammox菌进行定量测定，使用引物HindⅢF/HindⅢR对 *Brocadia* 细菌进行定量测定。所有引物由宝生物工程（大连）有限公司合成，各样品的引物信息在表2.6中列出。实时荧光定量PCR采用20μL反应体系扩增，包括0.25μL上游引物、0.25μL下游引物、1μL模板、10μL SYBR Premix Ex Taq Ⅱ、8.5μL灭菌水。定量测定中标准曲线的绘制采用已知浓度的质粒DNA，按10倍的梯度进行稀释，每份样品做3个平行，采用平均值法计算最后测定的细菌拷贝数。

表 2.6　实时荧光定量 PCR 引物信息

细菌	引物名称	序列	目标片段长度/bp
总细菌	338F	CCTACGGGAGGCAGCAG	190
	518R	ATTACCGCGGCTGCTGG	
浮霉菌	AMX809F	GCCGTAAACGATGGGCACT	287
	AMX1066R	AACGTCTCACGACACGAGCTG	
氨氧化细菌	amoA-1F	GGGGTTTCTACTGGTGGT	493
	amoA-2R	CCCCTCGGGAAAGCCTTCTTC	
氨氧化古菌	amoA-F	STAATGGTCTGGCTTAGACG	635
	amoA-R	GCGGCCATCCATCTGTATGT	
厌氧氨氧化菌	HzsF	ARGGHTGGGGHAGYTGGAAG	260
	HzsR	GTYCCHACRTCATGVGTCTG	
Brocadia	HindⅢF	CGGAATTATTGGGCGTAAAGAG	369
	HindⅢR	TCTGGTGGAGCGGTGAAAT	

2.3 反应器的脱氮效果

2.3.1 反应器的脱氮效率

在反应器启动初期，按照表 2.5 的参数提高厌氧氨氧化菌的负荷，通过测量氨氮以及亚硝态氮的去除率来判断厌氧氨氧化菌的负荷是否能够提高，进水 NH_4^+-N 和 NO_2^--N 比例按 1∶1.32 配制，实际测量会发现存在偏差，但是这些小的偏差不影响实验结果所反映的准确性，每三天测量一组数据，进水、出水分别测量三个平行样，运行约 60 天得出如图 2.2 和图 2.3 所示结果。

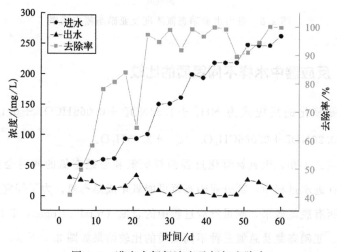

图 2.2 进出水氨氮浓度及氨氮去除率

由图 2.2 可以看到起初氨氮的进水浓度在 50mg/L 左右时氨氮的去除率并不是很高，但是培养超过十天后，氨氮的去除率可以达到 60% 以上。当氨氮的进水负荷提高到 100mg/L 以上时，氨氮的去除率可达到 80% 以上。当负荷提高到 200mg/L 以上时，氨氮的去除率逐渐趋于稳定，在 90% 以上。这符合理论值，同时说明厌氧氨氧化菌的活性在逐渐提高。

由图 2.3 可以看到亚硝态氮的情况与氨氮相似，在亚硝态氮浓度提高的过程中亚硝态氮的去除率呈上升趋势，当亚硝态氮的负荷提高到 250mg/L 以上时，亚硝态氮的去除率趋于稳定，在 90% 以上，这符合理论，同样说明厌氧氨氧化菌的活性有所提高。

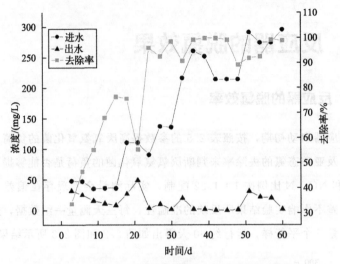

图 2.3　进出水亚硝态氮浓度及亚硝态氮去除率

2.3.2　反应器中水样不同氮质的比较

厌氧氨氧化的反应式为 $NH_4^+ + 1.32NO_2^- + 0.066HCO_3^- + 0.13H^+ \longrightarrow$
$1.02N_2 + 0.26NO_3^- + 0.066CH_2O_{0.5}N_{0.15} + 2.03H_2O$。

由反应式可知，厌氧氨氧化过程消耗氨氮和亚硝态氮的同时会生成硝态氮，并且在进水过程中，部分亚硝态氮可能氧化成硝态氮。为了探究厌氧氨氧化过程是否有脱氮效果，测量反应过程中的总氮（total nitrogen，TN）是必要的。氨氮、亚硝态氮及总氮三种不同氮质的比较结果如图 2.4 所示。

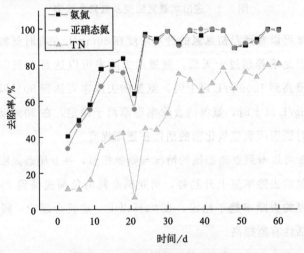

图 2.4　三种不同氮质的去除率

虽然有硝态氮的生成，但是由图 2.4 可以看出，总反应的 TN 去除率在厌氧氨氧化菌启动富集培养的整个过程中都是正值并且呈上升趋势，这说明厌氧氨氧化过程对污水有脱氮的作用，也说明厌氧氨氧化菌的活性在不断提高。

2.3.3 水样的 R_s 和 R_p 值

由厌氧氨氧化反应式可以得到厌氧氨氧化的两个化学反应计量比：R_s（$R_s = \Delta NO_2^- \text{-}N / \Delta NH_4^+ \text{-}N$）和 R_p（$R_p = \Delta NO_3^- \text{-}N / \Delta NH_4^+ \text{-}N$）。Anammox 不需氧气与有机物参与反应，无须曝气和外加有机碳源，能耗低于传统的生物脱氮工艺。但是厌氧氨氧化菌生长缓慢，倍增时间长达 11d，导致厌氧氨氧化工艺难以启动。可以通过 R_s 和 R_p 这两个化学计量比来很好地表征反应器中厌氧氨氧化反应的发生程度，当实际数值与理论值差距较大时，说明反应器中存在其他反应。

由图 2.5 可以得到，由于实验初期进水负荷还没有提升起来，反应不稳定，因此 R_s 和 R_p 值不稳定，当反应器启动 20 天后，进水氨氮提高到 100mg/L 以上，进水亚硝态氮提高到 130mg/L 以上时，R_s 和 R_p 值开始趋于稳定。由图 2.5 可以看到，20 天后反应器对氨氮和亚硝态氮的去除效果更好。在厌氧氨氧化菌反应器启动的 20~60 天内，经计算 R_s 值在 1.09~1.89 之间，平均值为 1.38，接近理论值 1.32；R_p 值在 0.18~0.38 之间，平均值为 0.27，接近理论值 0.26。这说明反应器中存在其他反应，但厌氧氨氧化反应占主导。

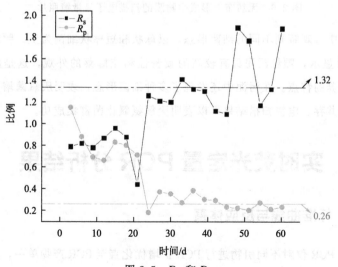

图 2.5 R_s 和 R_p

2.4 反应器中菌群 SEM 分析结果

在反应器启动 60 天后,从反应器中采集污泥样品,用扫描电子显微镜(SEM)观察附着在无纺布上的生物量(如图 2.6 所示),发现不连续的絮体被夹在纤维之间或附着在纤维上,厌氧氨氧化污泥的颜色为红褐色。

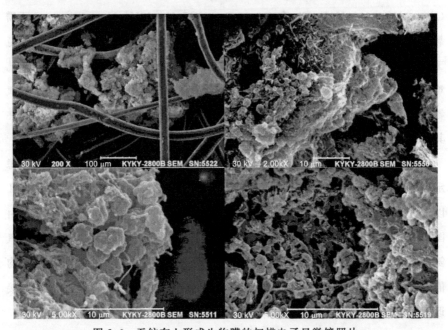

图 2.6 无纺布上形成生物膜的扫描电子显微镜照片

污泥中可观察到不同的细菌形态,以球状和短棒状细菌为主。颗粒污泥的 SEM 照片显示,颗粒污泥具有较高的致密性和花椰菜的外观,这是厌氧氨氧化富集培养的特点。在污泥中还发现了多种细菌形态,表明厌氧菌培养与其他生物和谐共存。电镜扫描结果可以表明厌氧氨氧化菌富集成功。

2.5 实时荧光定量 PCR 分析结果

2.5.1 标准曲线与反应体系

使用 PCR 仪对不同引物进行 PCR 扩增优化直至 PCR 产物单一,用琼脂糖凝胶电泳检测 PCR 扩增效果。对优化后的 PCR 电泳条带进行割胶回收,溶胶后进行二次 PCR 扩增，然后使用连接试剂盒（pMD18-Tvector）进行连接，将连接液导入感受态细胞中进行培养，之后挑选出白色菌落进一步进行小量纯培养，酶切鉴定后将菌液送至宝生物工程（大连）有限公司进行 16S rDNA（核糖体脱氧核糖核酸）序列测序。待测序完成后，对质粒菌液进行摇菌扩增培养。培养条件：在 37℃ 下，将菌液加入灭菌后的 LB 培养基（LB 培养基中加入 60mg/mL 的头孢氨苄抗生素）中，控制摇床速度为 200r/min，在摇床中培养 10h。使用质粒提取试剂盒（MiniBEAT Plasmid Purification kit，Takara）将质粒提取并且纯化出来，结合分子质量，可以通过测定 DNA 浓度计算出原始基因拷贝数。为了最后得到 6～8 个数量级的标准曲线，需要对原液进行 10 倍梯度的稀释。

2.5.2 引物定量结果分析

2.5.2.1 引物 338F/518R 的定量结果分析

使用荧光定量 PCR 仪分别对摇床中的样品 anammoxY 及反应器中的样品 anammoxF 的总细菌进行定量检测，检测结果如图 2.7、图 2.8、图 2.9 所示。

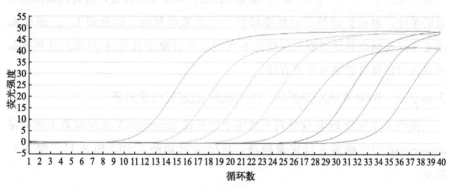

图 2.7　338F/518R 扩增曲线

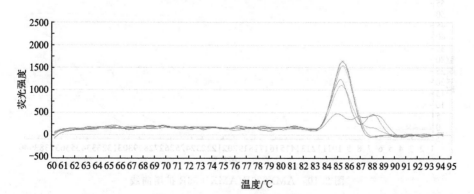

图 2.8　338F/518R 溶解曲线

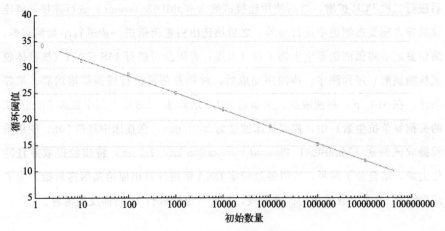

图 2.9　338F/518R 标准曲线

338F/518R 的扩增程序：预变性 95℃，5min；变性 95℃，30s；退火 57℃，30s；最后延伸 72℃，30s；40 个循环。根据标准曲线可得方程 $Y = -3.251 \lg X + 34.97$（Y 为荧光阈值，X 为拷贝数），相关系数 $R^2 = 0.999$，扩增效率达到 103.0%。从图 2.7、图 2.8、图 2.9 中可以看出，溶解曲线出现尖锐的单峰，表明扩增的特异性能较好且扩增效率较高。结合图 2.7、图 2.8、图 2.9 以及标准曲线方程可以确定本次定量聚合酶链反应（qPCR）计算样品中总细菌的拷贝数结果合理有效。

2.5.2.2　引物 AMX809F/AMX1066R 的定量结果分析

使用荧光定量 PCR 仪分别对摇床中的样品 anammoxY 及反应器中的样品 anammoxF 的浮霉菌进行定量检测，检测结果如图 2.10、图 2.11、图 2.12 所示。

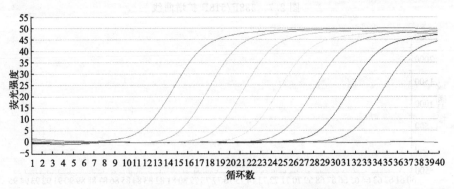

图 2.10　AMX809F/AMX1066R 扩增曲线

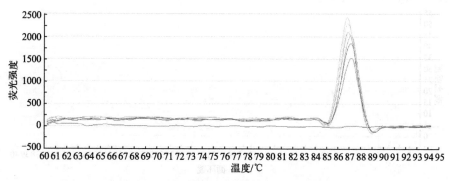

图 2.11　AMX809F/AMX1066R 溶解曲线

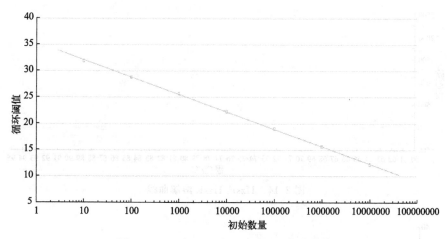

图 2.12　AMX809F/AMX1066R 标准曲线

　　AMX809F/AMX1066R 的扩增程序：预变性 95℃，2min；变性 95℃，15s；退火温度 58℃，30s；最后延伸 72℃，30s；40 个循环。根据标准曲线可得方程 $Y = -3.321\lg X + 35.52$（Y 为荧光阈值，X 为拷贝数），相关系数 $R^2 = 1.000$，扩增效率达到 100.0%。从图 2.10、图 2.11、图 2.12 中可以看出，溶解曲线出现尖锐的单峰，表明扩增的特异性能较好且扩增效率较高。结合图 2.10、图 2.11、图 2.12 以及标准曲线方程可以确定本次 qPCR 计算样品中浮霉菌的拷贝数结果合理有效。

2.5.2.3　引物 HzsF/HzsR 的定量结果分析

　　使用荧光定量 PCR 仪分别对摇床中的样品 anammoxY 及反应器中的样品 anammoxF 的 Anammox 菌联氨氧化酶的功能基因 hzs 进行定量检测，检测结果如图 2.13、图 2.14、图 2.15 所示。

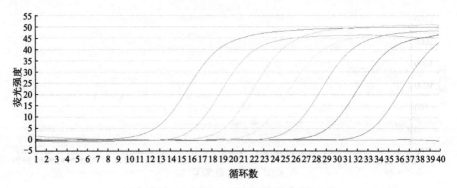

图 2.13　HzsF/HzsR 扩增曲线

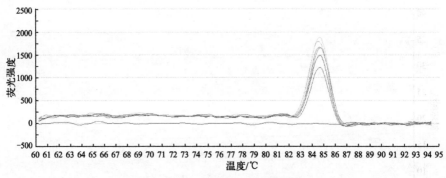

图 2.14　HzsF/HzsR 溶解曲线

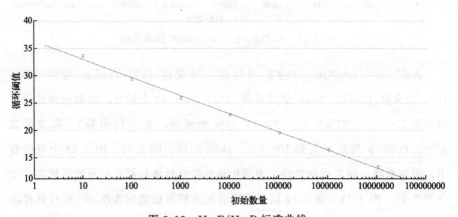

图 2.15　HzsF/HzsR 标准曲线

　　HzsF/HzsR 的扩增程序：预变性 95℃，5min；变性 95℃，10s；退火温度 57℃，30s；最后延伸 72℃，30s；40 个循环。根据标准曲线可得方程 $Y=-3.350\lg X+36.42$（Y 为荧光阈值，X 为拷贝数），相关系数 $R^2=0.998$，扩增效率达到 98.8%。从图 2.13、图 2.14、图 2.15 中可以看出，溶解曲线出现尖锐的单峰，表明扩增的特异性能较好且扩增效率较高。结合图 2.13、图 2.14、图 2.15 以及标准曲线方程可以确定本次 qPCR 计算样品中 Anammox 菌的功能基因拷贝数结果合理有效。

2.5.2.4　引物 Hind Ⅲ F/Hind Ⅲ R 的定量结果分析

使用荧光定量 PCR 仪分别对摇床中的样品 anammoxY 及反应器中的样品 anammoxF 的 *Brocadia* 进行定量检测，检测结果如图 2.16、图 2.17、图 2.18 所示。

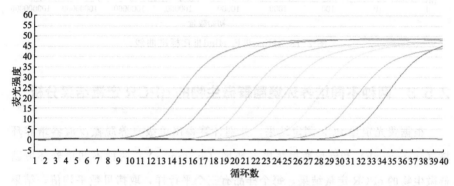

图 2.16　Hind Ⅲ F/Hind Ⅲ R 扩增曲线

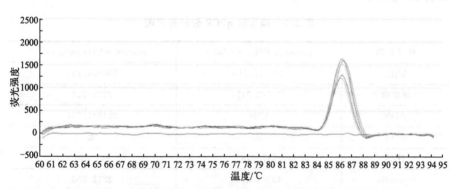

图 2.17　Hind Ⅲ F/Hind Ⅲ R 溶解曲线

Hind Ⅲ F/Hind Ⅲ R 的扩增程序：预变性 95℃，30s；变性 95℃，5s；退火温度 60℃，30s；最后延伸 72℃，30s；40 个循环。根据标准曲线可得方程 $Y = -3.320 \lg X + 35.48$（Y 为荧光阈值，X 为拷贝数），相关系数 $R^2 = 1.000$，扩增效率达到 100.1%。从图 2.16、图 2.17、图 2.18 中可以看出，溶解曲线出现尖锐的单峰，表明扩增的特异性能较好且扩增效率较高。结合图 2.16、图 2.17、图 2.18 以及标准曲线方程可以确定本次 qPCR 计算样品中 *Brocadia* 的拷贝数结果合理有效。

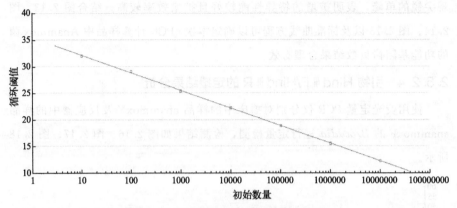

图 2.18　Hind Ⅲ F/Hind Ⅲ R 标准曲线

2.5.3　两种不同培养环境菌群微生物的 qPCR 定量结果分析

根据荧光定量 PCR 测定结果，分别计算得出单级自养脱氮反应器培养环境（anammoxF）和锥形瓶振荡培养环境（anammoxY）两种不同培养环境菌群微生物的 qPCR 定量结果，每个样品有三个平行样，取拷贝数平均值，结果如表 2.7 所示。

表 2.7　微生物 qPCR 分析拷贝数

样品名称	anammoxF/(copies/μL)	anammoxY/(copies/μL)
总细菌	128437.718	739804.797
浮霉菌	50522.212	2779.711
AOB	1388	224641.774
AOA	无	无
HZS	217.423	447.596
Brocadia	43264.213	2212.050

① 由表 2.7 总细菌荧光定量 PCR 分析结果可以看出，对于细菌的培养，细菌总量在锥形瓶中振荡培养数量为 739804.797copies/μL，比反应器内环境总细菌数量 128437.718copies/μL 要多很多，但是这也可能意味着在锥形瓶振荡培养环境中的细菌种类更多，杂菌更多，因此还要结合其他菌种的定量分析来判断厌氧氨氧化菌更适宜用哪种方式培养。

② 从表 2.7 中可以看出，浮霉菌在单级自养脱氮反应器环境下培养的荧光定量 PCR 结果为 50522.212copies/μL，约占此培养环境下总细菌数的 39.34%；

浮霉菌在锥形瓶恒温振荡培养环境下的荧光定量 PCR 结果为 2779.711copies/μL,约占此培养环境下细菌总数的 0.38%。两种培养环境对比,很明显单级反应器培养环境更适宜浮霉菌的富集生长。已知厌氧氨氧化菌属于浮霉菌属,但是无法确定这些浮霉菌中厌氧氨氧化菌的含量,因此不能就此判定单级自养脱氮反应器更适宜厌氧氨氧化菌的富集培养,要结合其他引物荧光定量 PCR 的结果来分析。

③ 对于菌种 AOB 在培养环境中的荧光定量 PCR 结果,单级反应器培养环境中 AOB 的定量分析结果为 1388copies/μL,约占此培养环境下总细菌数的 1.08%;在锥形瓶恒温振荡培养环境中 AOB 的定量分析结果为 224641.774copies/μL,约占此培养环境下总细菌数的 30.37%。从此结果可以看出,锥形瓶振荡培养环境下容易滋生 AOB 菌种,锥形瓶振荡培养环境下 AOB 菌种数量是反应器培养条件下 AOB 菌种数量的 161.85 倍。

④ 以 amoA-F/amoA-R 为引物分析菌群中氨氧化古菌(AOA)菌种的定量结果,未测出拷贝数,可以判断样品中没有 AOA。

⑤ 厌氧氨氧化菌特征代谢酶——联氨合成酶的功能基因为 hzs,从表 2.7 中数据可以看出,单级自养脱氮反应器培养环境下功能基因 hzs 的荧光定量分析结果为 217.423copies/μL,锥形瓶振荡培养环境下功能基因 hzs 的荧光定量分析结果为 447.596copies/μL。结合②的结论和此结果可以分析得到,虽然反应器培养环境下浮霉菌的含量高于锥形瓶振荡培养环境下浮霉菌的含量,但是对于厌氧氨氧化菌特征代谢酶——联氨合成酶的分析,应该采用锥形瓶振荡培养环境下的样品菌种。锥形瓶振荡培养环境下功能基因 hzs 的含量约是反应器培养环境下功能基因 hzs 含量的 2.06 倍,锥形瓶振荡培养环境中联氨氧化酶的活性更好。

⑥ 由于此菌种起初从大连理工大学取回来时,其中厌氧氨氧化菌的优势菌为 Brocadia,因此为了探究以两种不同培养方式富集培养 60 天后,在其厌氧氨氧化菌活性被提高到提高期之后,菌群中 Brocadia 所占比例,设计 HindⅢF/HindⅢR 引物对菌群中 Brocadia 进行荧光定量 PCR 分析。从分析结果可以看出,单级反应器培养环境下 Brocadia 定量分析结果为 43264.213copies/μL,约占此培养条件下浮霉菌总量的 85.63%,约占此条件下细菌总量的 33.68%;锥形瓶振荡培养条件下 Brocadia 定量分析的结果为 2212.050copies/μL,约占此培养条件下浮霉菌总量的 79.58%,约占此条件下细菌总数的 0.30%。由此可以得到在富集培养成功后厌氧氨氧化菌的优势菌依然是 Brocadia 菌属。

⑦ 结合②③⑥分析可以得到反应器富集培养条件下浮霉菌含量高于锥形瓶振荡培养条件，其中厌氧氨氧化菌的优势菌为 Brocadia，反应器培养条件下含量可以达到浮霉菌的 80% 以上，且反应器富集培养相比于锥形瓶振荡培养更不利于 AOB 及 AOA 等杂菌的滋生。因此可以得到厌氧氨氧化菌的富集培养方式，相比于锥形瓶恒温振荡培养，用单级自养脱氮反应器对厌氧氨氧化菌进行富集培养更为适合。

2.6　本章小结

在实现厌氧氨氧化菌富集基础上，控制恒定温度 35℃、DO 浓度 < 0.5mg/L、pH 为 7.5 的相同条件下，将厌氧氨氧化菌分别置于两种不同的培养环境下进行培养，基于荧光定量 PCR 技术对单级自养脱氮反应器环境下培养的菌群以及锥形瓶振荡培养环境下的菌群进行定量分析，获得以下结论。

① 对于细菌总量的比较，锥形瓶振荡培养环境下的细菌总量多于单级自养脱氮反应器培养环境下的细菌总量。

② 对于菌群中浮霉菌含量的比较，浮霉菌在单级自养脱氮反应器环境下培养的荧光定量 PCR 结果为 50522.212copies/μL，约占此培养环境下总细菌数的 39.34%；浮霉菌在锥形瓶恒温振荡培养环境下的荧光定量 PCR 结果为 2779.711copies/μL，约占此培养环境下细菌总数的 0.38%，反应器富集培养条件下浮霉菌含量高于锥形瓶振荡培养条件。

③ 锥形瓶恒温振荡培养环境下更容易滋生 AOB 菌种，锥形瓶振荡培养环境下 AOB 菌种数量是反应器培养条件下 AOB 菌种数量的 161.85 倍。

④ 两种培养环境下菌群结构中都不含有 AOA。

⑤ 对于厌氧氨氧化菌特征代谢酶——HZS 的功能基因 hzs 的荧光定量 PCR 分析结果，锥形瓶振荡培养环境下功能基因 hzs 的含量约是反应器培养环境下功能基因 hzs 含量的 2.06 倍，锥形瓶振荡培养环境中酶的活性更好，对于厌氧氨氧化菌特征代谢酶——HZS 的分析，应该采用锥形瓶振荡培养环境下的样品菌种。

⑥ 对于菌群中 Brocadia 所占比例，单级反应器培养环境下 Brocadia 约占此培养条件下浮霉菌总量的 85.63%，锥形瓶振荡培养条件下 Brocadia 约占此培养条件下浮霉菌总量的 79.58%，由此可以得到在富集培养成功后厌氧氨氧

化菌的优势菌种依然是 *Brocadia*。

⑦ 本实验富集培养的厌氧氨氧化菌的优势菌为 *Brocadia*，反应器培养条件下含量可以达到浮霉菌的 80% 以上，且反应器富集培养相比于锥形瓶恒温振荡培养更不利于 AOB 及 AOA 等杂菌的滋生，因此设计单级自养脱氮反应器更适宜对厌氧氨氧化菌进行富集培养。

◆ 参考文献 ◆

[1] Wang Y, Xie H, Wang D, et al. Insight into the response of anammox granule rheological intensity and size evolution to decreasing temperature and influent substrate concentration [J]. Water Research, 2019, 162: 258-268.

[2] Kartal B, Almeida d, Maalcke J, et al. How to make a living from anaerobic ammonium oxidation [J]. Fems Microbiology Reviews, 2013, 37 (3): 428-461.

[3] Ali M, Oshiki M, Awata T, et al. Physiological characterization of anaerobic ammonium oxidizing bacterium 'Candidatus Jettenia caeni' [J]. Environ Microbiol, 2015, 17 (6): 2172-2189.

[4] Daverey A, Chen Y C, Dutta K, et al. Start-up of simultaneous partial nitrification, anammox and denitrification (SNAD) process in sequencing batch biofilm reactor using novel biomass carriers [J]. Bioresour Technol, 2015, 190: 480-486.

[5] Scaglione D, Ficara E, Corbellini V, et al. Autotrophic nitrogen removal by a two-step SBR process applied to mixed agro-digestate [J]. Bioresour Technol, 2015, 176: 98-105.

[6] Wang T, Zhang H, Yang F, et al. Start-up and long-term operation of the Anammox process in a fixed bed reactor (FBR) filled with novel non-woven ring carriers [J]. Chemosphere, 2013, 91 (5): 669-675.

[7] Third K A, Sliekers A O, Kuenen J G, et al. The CANON system (Completely Autotrophic Nitrogen-removal Over Nitrite) under ammonium limitation: interaction and competition between three groups of bacteria [J]. Systematic & Applied Microbiology, 2001, 24 (4): 588.

[8] HE S, CHEN Y, QIN M, et al. Effects of temperature on anammox performance and community structure [J]. Bioresour Technol, 2018, 260: 186-195.

[9] HE S L, YANG W, QIN M, et al. Performance and microbial community of anammox in presence of micro-molecule carbon source [J]. Chemosphere, 2018, 25: 545-552.

[10] 张敏, 汪瑶琪, 姜滢, 等. 匹配厌氧氨氧化型亚硝化的调控过程研究进展 [J]. 水处理技术, 2018, 44 (5): 7-12.

[11] NARITA Y, ZHANG L, KIMURA Z I, et al. Enrichment and physiological characterization of an anaerobic ammonium-oxidizing bacterium 'Candidatus Brocadiasapporoensis' [J]. Systematic & Applied Microbiology, 2017, 40 (7): 448-457.

[12] 张帆, 张捍民, 葛程程, 等. 厌氧氨氧化菌的真空冷冻干燥保藏及复壮性能 [J]. 环境科学与技术, 2018, 41 (9): 33-40.

3

厌氧氨氧化菌酶学研究

3.1 引言

传统的生物脱氮过程以硝化-反硝化占主导地位，直至 20 世纪 90 年代，Mulder 等发现了一类完全厌氧的微生物种群，这类微生物能独立完成生物脱氮的代谢过程，并将其命名为厌氧氨氧化菌。厌氧氨氧化（Anammox）是指在厌氧条件下，以亚硝态氮（NO_2^--N）为电子受体，氨氮（NH_4^+-N）为电子供体，联氨（N_2H_4）为催化中间体的微生物反应，最终产物为氮气和水。厌氧氨氧化技术与传统硝化-反硝化生物脱氮技术相比，理论上可以节约 62.5% 的曝气量，无须外加碳源，污泥产量很少，还可以减少温室气体的排放。Anammox 是一种节能降耗的新型生物脱氮技术，因此在废水脱氮研究与应用中具有明显的优势。

厌氧氨氧化反应过程中发挥核心作用的是 AnAOB，这种菌生长世代长，致使其难以培养，目前仅能获得其富集培养物，人们对这种菌适宜分离与生长的生态条件的研究还很有限。2007 年，Shimamura 等从富集有菌株 KSU-1 的生物反应器中分离纯化出一种具有联氨（N_2H_4）氧化活性但不具备 NH_2OH 氧化能力的酶，将其正式命名为联氨氧化酶（hydrazine oxidation enzyme，HZO）。HZO 是 AnAOB 的特征代谢酶，它可为 AnAOB 的多样性研究提供依据。AnAOB 的代谢途径并没有准确的定论，这主要是由于对 AnAOB 的关键代谢酶缺乏深入研究，缺乏对 HZO 纯化的研究，对 HZO 相关性质的研究也很欠缺。若能根据提取纯化的 AnAOB 关键代谢酶来分析其活性和具体功能，将有助于确定其代谢模式。

本章对 AnAOB 进行实验室扩大培养，制备 AnAOB 的无细胞抽提液，采用超滤、二乙氨乙基（DEAE）阴离子交换色谱等方法纯化 AnAOB 的特征代谢酶 HZO，检测酶活性，研究适宜温度、pH 下 HZO 的性质及外源醌类化合物是否会对 Anammox 反应进行催化并参与到 Anammox 过程，这对确保工艺的长期高效稳定运行具有重要意义。

N_2H_4 是厌氧氨氧化反应中，将氮素转化为 N_2 的重要中间产物。在 Anammox 工艺中外加此中间产物，被证实是一种加快工艺启动、提高工艺效率的方法。启动阶段投加 N_2H_4，可显著增加 AnAOB 生物量，促进其生长，缩短工艺启动周期；而在工艺运行阶段长期微量投加 N_2H_4，也可以增加 AnAOB 的产量，提高氨氮和亚硝酸盐的降解速率，降低 NO_3^- 产量，有效防止硝酸盐的积累，从而提高 Anammox 系统的脱氮能力。N_2H_4 作为一种医药原料和在现代化工中用途广泛的工业原料，相比于传统的化学合成法，用 AnAOB 制备是一种较为绿色节能的生产方法。联氨合成酶（HZS）在 AnAOB 代谢过程中，负责缩合 NO 和 NH_4^+ 形成 N_2H_4，其仅存在于 AnAOB 特有的一种膜结构细胞器——厌氧氨氧化体中，是 Anammox 反应不可或缺的关键酶之一。

然而，目前针对 HZS 序列层面的研究尚浅。本项研究对联氨合成酶 A 亚基基因（*hzsA*）进行克隆表达，通过生物信息学分析的手段来预测其理化性质及蛋白结构。预测结果可为进一步研究 HZSA 蛋白质的酶学性质和探究酶促反应机理提供参考，使 AnAOB 在处理含氮化合物的使用中发挥出更大的潜能。

3.2 实验材料与方法

3.2.1 联氨氧化酶粗酶液制备方法

3.2.1.1 实验室扩培反应器

实验采用底面外直径 35cm、内直径 30cm、总高度 40cm、内容积高度 33cm 的圆柱形有机玻璃反应器，反应器内装有纤维质无纺布，反应器装置如图 3.1 所示。反应器由蠕动泵控制自动运行，根据 AnAOB 所需进水配水，加热器控制进水温度，对菌种进行反应器培养。

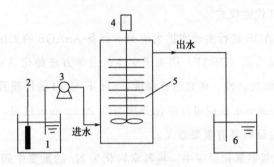

图 3.1 反应器装置

1—进水水箱；2—加热器；3—蠕动泵；4—搅拌器；5—无纺布填料；6—出水水箱

3.2.1.2 实验用水

实验研究以动态连续实验室小试为主，本实验采用人工配制的模拟污水，以硫酸铵试剂配制所需的 NH_4^+-N 浓度，模拟污水的主要成分见表 3.1，微量元素溶液配方见表 3.2，试剂纯度均为分析纯。

表 3.1 模拟污水的主要成分

成分	浓度/(mg/L)	成分	浓度/(mg/L)
$KHCO_3$	1250	$MgSO_4 \cdot 7H_2O$	200
KH_2PO_4	25	$FeSO_4$	6.25
$CaCl_2 \cdot 2H_2O$	300	EDTA	6.25

表 3.2 微量元素溶液配方

成分	浓度/(mg/L)	成分	浓度/(mg/L)
EDTA	15000	$Na_2MoO_4 \cdot 2H_2O$	220
$ZnSO_4 \cdot 7H_2O$	430	$NiCl_2 \cdot 6H_2O$	190
$CoCl_2 \cdot 6H_2O$	240	$Na_2SeO_4 \cdot 10H_2O$	210
$MnCl_2 \cdot 4H_2O$	990	H_3BO_4	14
$CuSO_4 \cdot 5H_2O$	250	$Na_2WO_4 \cdot 2H_2O$	50

3.2.1.3 粗酶液的提取

取菌样于离心管中，离心 20min 后倒去上清液，留下沉淀，将沉淀加入配制好的溶液 [三羟甲基氨基甲烷（Tris）缓冲液，0.1mmol/L 二硫苏糖醇，1%胆酸钠，0.5%脱氧胆酸钠] 溶解混合，将混合液倒入烧杯中，放入磁力转子，于 0℃下以 500r/min 的速度搅拌 1.5h，目的是将菌细胞破碎，形成菌悬液。搅拌后再次离心 20min，离心后取得的上清液即为粗酶液，舍去沉淀。

3.2.2 酶活及蛋白含量测定方法

3.2.2.1 细胞色素 C 标准曲线的绘制

分别加入细胞色素 C（10mmol/L）4μL、8μL、12μL、16μL、20μL、24μL，用磷酸盐缓冲液补充至 4000μL，此时细胞色素 C 浓度为 10μmol/L、20μmol/L、30μmol/L、40μmol/L、50μmol/L、60μmol/L。加入保险粉至颜色变成粉红色，得到还原态细胞色素 C。测得其吸光度，用得到的吸光度作标准曲线。

3.2.2.2 联氨氧化酶活性测定

用 550nm 波长下还原态细胞色素 C 的生成速率表征酶活性强弱。酶促反应体系包含 20mmol/L 磷酸盐缓冲溶液、50μmol/L 细胞色素 C（氧化态）、50μmol/L 联氨和 200μL 粗酶液，反应温度为（35±1）℃。联氨氧化酶活性的单位为 μmol/(g·min)。

3.2.2.3 蛋白浓度测定

BCA 蛋白浓度测定试剂盒购自北京索莱宝科技有限公司。在碱性条件下，蛋白将铜离子（Cu^{2+}）还原为亚铜离子（Cu^+），Cu^+ 与 BCA 试剂形成紫蓝色的配合物，测定其在 562nm 处的吸光度，并与标准曲线做对比，即可计算待测蛋白的浓度。

3.2.3 联氨氧化酶的初步纯化

3.2.3.1 色谱法

① DEAE-Sepharose FF（琼脂糖凝胶 FF）的处理：凝胶用纯净水反复冲洗直到形成较大颗粒胶体，用 Tris 缓冲液平衡。

② 装柱：将色谱柱固定于滴定架上，柱底垫圆形尼龙纱，出口接细塑料管并关闭出水口。将浸泡于 20mmol/L、pH 8.0 Tris 缓冲液中的凝胶沿玻璃棒缓慢倒入柱中（注意不要有气泡），待凝胶自然沉降将上层盖子缓慢放入并拧紧。

③ 平衡：松开出水口螺旋夹，以 20mmol/L、pH 8.0 Tris 缓冲液平衡，控制流速为 2.0mL/min，待流出液的紫外吸光度稳定时，停止平衡。

④ 加样、洗脱与收集：采用恒流泵以 2.0mL/min 的流速加入样品，待液体进入柱床后，用初始缓冲液洗脱大约两个柱体积，再分别用 0.1mol/L、0.2mol/L、0.3mol/L、0.4mol/L、0.5mol/L、1.0mol/L、2.0mol/L 的 NaCl 进行线性洗脱，控制流速为 2.0mL/min，进行紫外蛋白监测，收集洗脱蛋白。

3.2.3.2 透析冻干

对 0.2mol/L NaCl 洗脱下来的蛋白质液体进行透析脱盐，然后进行冻干，冻干的步骤如下：首先按制冷键，预冷 30min 左右；预冷后将干燥物品放置于干燥盘中，将有机玻璃罩罩上，按下快速充气阀上的不锈钢片，将接嘴管拔出；最后按真空泵键，显示 999，直到 1000Pa 以下方可显示实际真空度。

3.2.3.3 超滤

冻干后得到的酶蛋白用 Tris 缓冲液进行溶解，然后进行超滤过滤，超滤膜的截留分子质量分别为 50kDa 和 100kDa。经此步骤可得到分子质量小于 50kDa、50~100kDa 和大于 100kDa 等三部分酶蛋白，超滤后用 20mmol/L Tris 缓冲液洗膜，测各部分酶蛋白活性，最后将具有最高比活性的溶液挑选出来，4℃保存，备用。

3.2.4 醌类化合物对联氨氧化酶的影响探究方法

3.2.4.1 萃取醌类化合物对联氨氧化酶活性的影响

以乙醇为溶剂，因此设置乙醇为对照组，通过萃取，将 AnAOB 的 HZO 粗酶液中的辅酶 Q 萃取出来，此时测量萃取后 HZO 的酶活性，并通过分光光度计测量酶活性变化的光密度（OD）值。再将辅酶 Q 重新加入 HZO 粗酶液中，测定此时 HZO 的酶活性和 OD 值，对萃取前后的酶活性变化进行比较。

3.2.4.2 其他醌类化合物对联氨氧化酶活性的影响

先分别加入 0.03mmol/L 和 0.06mmol/L 辅酶 Q，测定 HZO 活性及 OD 值。再探究 2-羟基-1,4-萘醌对 HZO 活性的影响，分别加入 0.03mmol/L、0.06mmol/L、0.3mmol/L 和 0.6mmol/L 的 2-羟基-1,4-萘醌，测量并比较加入不同量的 2-羟基-1,4-萘醌后 HZO 活性及 OD 值的变化，并对加入量与加入辅酶 Q 的酶活性变化进行比较。最后探究蒽醌-2-磺酸钠盐对 HZO 活性的影响，分别加入 0.03mmol/L、0.06mmol/L、0.3mmol/L 和 0.6mmol/L 的蒽醌-

2-磺酸钠盐，同理测定并比较加入不同量的蒽醌-2-磺酸钠盐后 HZO 活性及 OD 值的变化，并对加入量与加入辅酶 Q 及加入 2-羟基-1,4-萘醌的酶活性变化进行比较。

3.2.5　hzsA 基因的扩增和克隆表达

3.2.5.1　hzsA 的扩增和克隆

使用试剂盒提取 AnAOB 的基因组 DNA 作为模板。用 *hzs*A_382F/*hzs*A_2390R 引物和 *hzs*A_526F/*hzs*A_1857R 引物通过巢式 PCR 扩增 *hzs*A 基因。

引物序列如下：*hzs*A_382F，5'-GGYGGDTGYCAGATATGGG -3'；*hzs*A_2390R，5'-ATRTTRTCCCAYTGYGCHCC-3'；*hzs*A _ 526F，5'-TAYTTT-GAAGGDGACTGG-3'；*hzs*A_1857R，5'-AAABGGYGAATCATARTGGC-3'。扩增外部引物的反应条件是：①在 94℃预变性 1min；②在 98℃变性 10s，在 55℃退火 15s，在 68℃延伸 1min，使用上述条件进行 30 个循环；③在 72℃下延伸 10min。通过琼脂糖凝胶电泳检测 PCR 产物，随后提取目标条带并用作内部引物扩增的模板。扩增内部引物的反应条件与前面的相同，重复 25 个循环。

用 DNA A-tailing 试剂盒处理 PCR 扩增产物后，将其克隆至 pMD19-T 载体并热转化至大肠埃希菌 JM109。涂布平板，37℃培养过夜后，筛选阳性克隆菌落并提取质粒，将其送至宝生物工程（大连）有限公司测序。

3.2.5.2　hzsA 表达载体的构建

以克隆的质粒为模板，通过 PCR 扩增目的基因。引物 3'端添加终止密码子，两端添加 BamH I / Hind Ⅲ酶切位点。

引物序列如下：5'-AATGGGTCGCGGATCCTATTTTGAAGGGGACTGGAA-3',5'-GTGCGGCCGCAAGCTTTCAAAATGGTGAATCATAATGGC-3'。PCR 循环所需反应条件：变性 98℃，10s；退火 55℃，15 s；延伸 68℃，1min；共循环 30 次。琼脂糖凝胶电泳检测并切胶回收其目的基因片段。使用 BamH I 和 Hind Ⅲ双酶切 pET28a 载体，回收载体片段。在 50℃下，将目的基因片段与 pET28a 载体使用 In-Fusion HD 酶连接 15min，所得连接产物热转化至大肠埃希菌感受态细胞 JM109 内，将细胞涂布平板，在 37℃下过夜培养后，从中挑取阳性克隆，提取质粒进行测序。

3.2.5.3 酶的诱导表达

将重组后的表达载体转入 *E. coil* Rosetta2 (DE3) pLysS 中,设置 pET-28a (+) 空载体对照。使用含卡那霉素 (kanamycin, Kan) 和氯霉素 (chloramphenicol, Cm) 的 LB 培养基,30μL 转化液涂布,37℃培养。挑取单菌落至 2mL LB/Kan (50μg/mL) +Cm (34μg/mL) 培养基中,在 37℃、180r/min 下培养,作为培养液。之后将该种子液添加至 LB/Kan (50μg/mL) +Cm (34μg/mL) 培养基中,培养至 OD_{600} 值约为 0.6 后,再添加浓度为 1mmol/L 的异丙基-β-D-硫代半乳糖苷 (isopropylthio-β-D-galactoside, IPTG) 进行诱导,于 37℃下培养 4h。

通过离心收集来自上述培养溶液的细菌沉淀,并用磷酸盐缓冲液 (phosphate buffer saline, PBS) 形成悬浊体系。然后用超声波破碎细胞,并以 12000r/min 离心 5min。用十二烷基硫酸钠-聚丙烯酰胺凝胶电泳 (sodium dodecyl sulfate-polyacrylamide gel electrophoresis, SDS-PAGE) 检测提取液的总蛋白、上清液和沉淀物。

3.2.6 *hzs*A 序列的生物信息学分析

使用美国国家生物技术信息中心 (National Center for Biotechnology Information, NCBI) 开发的基于局部比对算法的搜索工具 (basic local alignment search tool, BLAST) 搜索与 *hzs*A 高度同源的核酸序列。用鉴定开放阅读框 (open reading frame, ORF) 在线工具分析 *hzs*A 的互补脱氧核糖核酸 (cDNA) 序列的开放阅读框。利用 MEGA X 软件构建系统进化树,分析 *hzs*A 基因与其他物种的同源性。利用蛋白质组学服务器的在线工具 ProtParam 分析 *hzs*A 基因编码的蛋白质理化性质。并用 ProtScale 工具进一步分析蛋白质的疏水性。

使用 Signal P-5.0 寻找 HZSA 蛋白质的信号肽序列,用 TMHMM Server v. 2.0 和 TMpred Server 来预测 HZSA 蛋白质是否含有跨膜区,HZSA 蛋白质的亚细胞定位由 BUSCA 进行预测。通过 SOPMA 工具分析 HZSA 蛋白质二级结构的组成,并用 NCBI BLAST 中的 CD-search 工具寻找 HZSA 蛋白的保守结构域。使用 SWISS-MODEL 工具对 HZSA 蛋白质进行三级结构同源建模。

3.3 联氨氧化酶初步纯化及醌类化合物对其活性的影响

3.3.1 粗酶液的制备与酶活性探究相关结果

3.3.1.1 还原态细胞色素 C 标准曲线的绘制

还原态细胞色素 C 标准曲线的绘制如图 3.2 所示（波长 550nm）。

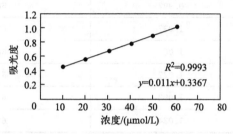

图 3.2 细胞色素 C 标准曲线

3.3.1.2 BCA 标准曲线的绘制

BCA 标准曲线的绘制如图 3.3 所示（波长 562nm）。经测定得到粗酶液吸光度为 0.477，通过图 3.3 中公式计算得到粗酶液蛋白含量为 0.347mg/mL。

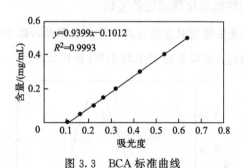

图 3.3 BCA 标准曲线

3.3.1.3 联氨氧化酶活性的测定

对 HZO 活性进行测定，其不同时间下对应的吸光度及计算所得的细胞色素 C 浓度如表 3.3 所示。

联氨氧化酶活性 a 计算公式如下：

$$a = (c - c_0)/(\tau\rho)$$

式中，c 为稳定后细胞色素 C 浓度；c_0 为初始细胞色素 C 浓度；τ 为达到稳定间隔时间；ρ 为粗酶液蛋白含量。

表 3.3　联氨氧化酶活性的测定

时间/min	粗酶液吸光度 A	细胞色素 C 浓度/(μmol/L)
2	0.754	37.93
4	0.822	44.12
6	0.899	51.12
8	0.959	56.57
10	0.997	60.03
12	1.037	63.66
14	1.069	66.57
16	1.077	67.30
18	1.093	68.75
20	1.084	67.94

根据以上公式计算联氨氧化酶活性 $a = (68.75 - 37.93)/[(18 - 2) \times 0.347] = 5.55\mu mol/(g \cdot min)$，得出联氨氧化酶粗酶液的酶活性为 $5.55\mu mol/(g \cdot min)$。

3.3.1.4　温度对联氨氧化酶活性的影响

图 3.4 表明吸光度随着温度的升高先升高后降低，即 HZO 活性随着温度的升高先升高后降低，可以看到 35℃ 时 HZO 活性最高。

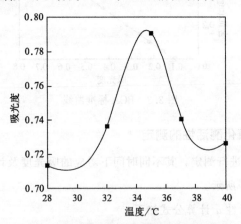

图 3.4　温度对联氨氧化酶活性的影响

3.3.1.5 pH 对联氨氧化酶活性的影响

图 3.5 表明不同反应时间下吸光度都是先升高后降低，即 HZO 活性随着 pH 的升高先升高后降低，分析可以得到不同反应时间下 pH=7.5 时 HZO 活性最高。

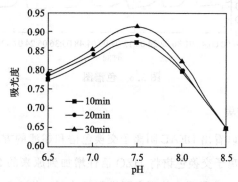

图 3.5 pH 对联氨氧化酶活性的影响

3.3.2 联氨氧化酶的初步纯化结果

3.3.2.1 DEAE 阴离子交换色谱结果

由表 3.4 和图 3.6，通过计算可得经 DEAE 阴离子交换色谱处理后，HZO 集中在 0.2mol/L NaCl 洗脱液中，其他浓度的 NaCl 洗脱液中虽然也有蛋白含量，但是从色谱图可以看出其他洗脱液中所含蛋白应该不是 HZO 蛋白，0.2mol/L NaCl 洗脱液中蛋白酶活性是粗酶液的 2.3 倍。

表 3.4 不同浓度 NaCl 洗脱的联氨氧化酶活性

名称	蛋白含量 /(mg/L)	细胞色素 C 增长浓度 /[μmol/(L·min)]	HZO 活性 /[μmol/(L·min)]
粗酶液	0.347	1.926	5.55
0.1mol/L NaCl 洗脱	0.083	0.525	6.51
0.2mol/L NaCl 洗脱	0.048	0.614	12.79
0.3mol/L NaCl 洗脱	0.046	0.315	6.85
0.4mol/L NaCl 洗脱	0.056	0.298	5.32
1.0mol/L NaCl 洗脱	0.074	0.341	4.61

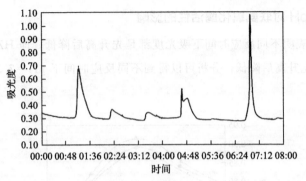

图 3.6 色谱图

3.3.2.2 超滤结果

通过表 3.5 可以看出 DEAE 阴离子交换色谱和超滤的方法都能使 HZO 得到纯化,DEAE 阴离子交换色谱将 HZO 活性增加到原来的 2.3 倍,色谱分离后取 0.2mol/L NaCl 洗脱下来的蛋白再进行超滤后,将 HZO 活性增加到原来的 6.1 倍。表 3.6 计算结果表明,0.2mol/L NaCl 洗脱下来的 HZO 活性集中在超滤 50~100kDa 的液体中,纯化蛋白分子质量在 50~100kDa。

表 3.5 联氨氧化酶初步纯化总结

纯化步骤	酶活性/[μmol/(g·min)]	纯化倍数
粗酶液	5.55	1.0
DEAE 阴离子交换色谱	12.79	2.3
超滤	33.75	6.1

表 3.6 超滤后细胞色素 C 增长浓度测定

分子质量/kDa	蛋白含量/(mg/L)	细胞色素 C 增长浓度/[μmol/(L·min)]	HZO 活性/[μmol/(L·min)]
<50	0.256	0.009	0.04
50~100	0.136	4.590	33.75
>100	0.880	0	0

3.3.3 醌类化合物对联氨氧化酶活性的影响结果

由图 3.7 可知,以乙醇为溶剂会使酶活性降低,由 5.688μmol/(g·min) 降低到 3.886μmol/(g·min);萃取出辅酶 Q,酶活性降低至原来的 1/3,重新加入辅酶 Q,对提高酶活性效果最好。

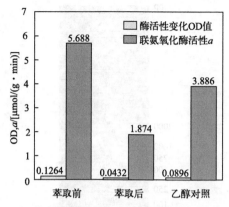

图 3.7 萃取醌类化合物对联氨氧化酶活性的影响

由图 3.8 可知，加 0.06mmol/L 辅酶 Q 的酶活性是 $9.264\mu mol/(g \cdot min)$，是乙醇对照的 2.38 倍；2-羟基-1,4-萘醌对酶活性提高效果稍差，加 0.6mmol/L 2-羟基-1,4-萘醌的酶活性是乙醇对照的 1.74 倍；蒽醌-2-磺酸钠盐对酶活性提高基本无影响，加入 0.6mmol/L 蒽醌-2-磺酸钠盐的酶活性是乙醇对照的 96％。

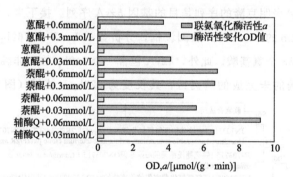

图 3.8 加入醌类化合物联氨氧化酶活性测定对比图

3.4 联氨合成酶 A 亚基功能基因的克隆、表达及序列分析

3.4.1 目的基因的扩增克隆

根据基于厌氧氨氧化基因组的 DNA 巢式 PCR 扩增产物的琼脂糖凝胶电泳结果（图 3.9），获得了 1300bp 的片段。

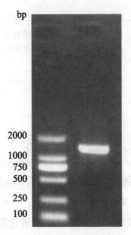

图 3.9　PCR 扩增产物的琼脂糖凝胶电泳图

3.4.2　hzsA 同源性比较及系统发育分析

克隆的序列总长度为 1331bp。用 BLAST 对该序列进行同源性分析，氨基酸序列比对发现克隆的序列与未培养的 AnAOB 克隆 FSR1 *hzs*A 的同源性为 97.53%，结果表明克隆的序列是目的基因 *hzs*A 序列。接下来，利用 ORF 检测 328～1089bp 的 *hzs*A 的开放阅读框，分析显示 *hzs*A 由 762bp 的完整序列组成，编码 253 个氨基酸。此外，*hzs*A 包含一个 242bp 的 3′非翻译区（UTR）和一个在 5′端的未完成的编码区，其长度为 327bp。结果（图 3.10）显示，

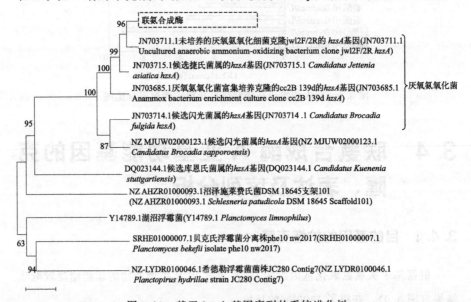

图 3.10　基于 *hzs*A 基因序列的系统进化树

*hzs*A 与未培养的 AnAOB 克隆 jwl2F/2R *hzs*A、*Candidatus Jettenia asiatica* *hzs*A 和 AnAOB 富集培养克隆 cc2B 139d *hzs*A 具有高度同源性。前述序列来自 AnAOB。在未培养的 AnAOB 克隆 jwl2F/2R *hzs*A 中发现了最高的同源性，该克隆由 Harhangi 等使用设计的 *hzs*A 引物克隆。

3.4.3　HZSA 蛋白的理化性质和疏水性

用 ProtParam 分析了 HZSA 蛋白的物理和化学特性。分析表明，HZSA 的总原子数为 3863，其分子式为 $C_{1255}H_{1885}N_{343}O_{371}S_9$。HZSA 的估计分子质量为 28.00kDa，理论等电点（PI）为 7.62。HZSA 蛋白由 253 个氨基酸组成，包括 29 个带正电荷的残基和 28 个带负电荷的残基。甘氨酸含量最高，占蛋白质的 11.9%。蛋白质的不稳定指数低于 40（31.91），表明 HZSA 是一种稳定的蛋白质。此外，HZSA 的脂肪族指数为 60.04。

当假设半胱氨酸形成胱氨酸时，在水中于 280nm 处测得的消光系数为 2.272L/(mol·cm)，当所有半胱氨酸被还原时，消光系数为 2.263L/(mol·cm)。序列 N 末端是 M（Met，甲硫氨酸），预测其半衰期为 10h。第 56 位亮氨酸具有最高的疏水性得分 1.189（图 3.11），从而拥有最强的疏水性，而第 123 位色氨酸具有最高的亲水性得分-2.967。通过计算序列中每种氨基酸的亲水值之和并除以氨基酸残基总数来确定平均总亲水性。该序列的总平均亲水值为-0.563。由于负值越高表明亲水性越强，该蛋白质属于亲水性蛋白质。

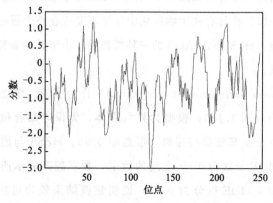

图 3.11　HZSA 蛋白的疏水性预测图

3.4.4 HZSA 蛋白的跨膜结构域和信号肽预测及亚细胞定位

TMHMM Server v.2.0 和 TMpred Server 都没有在蛋白质中找到跨膜结构域。使用信号 P-5.0 的预测结果表明,没有信号肽的蛋白不属于分泌蛋白,它在 AnAOB 的细胞中发挥作用。使用 PSORT 软件的亚细胞定位分析表明,HZSA 蛋白可能以 0.7 的可信度位于细胞质中。Anammox 反应在 AnAOB 细胞质中的厌氧氨氧化体中进行。

3.4.5 HZSA 蛋白的二级、三级结构分析

SOPMA 对 HZSA 蛋白二级结构组成和比例的预测结果显示该蛋白包含四种结构(表 3.7)。无规卷曲比例最大,说明蛋白质结构相对松散。延伸链次之,α-螺旋占比最小。大多数已知的蛋白质骨架由 α-螺旋和 β-转角组成。而对 HZSA 蛋白的分析表明,它由少量的 α-螺旋和延伸链组成,没有 β-转角。

表 3.7 HZSA 的二级结构组成及比例

结构	比例/%	结构	比例/%
无规卷曲	52.96	β-转角	11.46
延伸链	32.02	α-螺旋	3.56

β-转角和无规卷曲的总含量相对较高,达到 64.42%。这两种结构可以赋予蛋白质更大的构象灵活性,含量越高表明结构越复杂,推测可能存在抗原表位。每个二级结构的峰分布如图 3.12 所示。NCBI 结果表明该蛋白不含保守结构域,保守结构域往往具有在生物进化中保持不变或在整个蛋白质家族中保持一致的重要功能。HZS 是 AnAOB 的一种特殊酶,由于其功能特异性,可能具有非保守结构域。

使用 Kuenenia stuttgartiensis (5c2v.1.A) 作为模板,建立了 HZSA 蛋白的三级结构模型(图 3.13),模型为异六聚体,无保守结合位点。从第 2 位到 251 位共 250 个氨基酸参与建模,覆盖率 0.99。HZSA 与模板序列同源性为 78.4%。GMQE 分数为 0~1 之间的数字,数字越高表示所构模型的可靠性越高,该模型 GMQE 得分为 0.81,说明建模结果较为可信。HZSA 蛋白的三级结构模型与二级结构的预测结果极其相似,均显示以无规卷曲和延伸链为主。

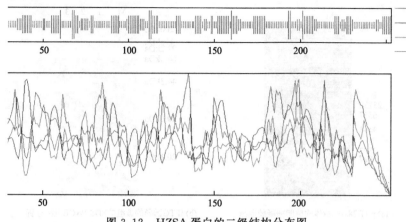

图 3.12　HZSA 蛋白的二级结构分布图

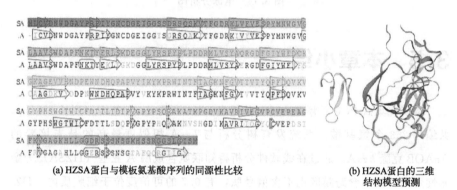

(a) HZSA蛋白与模板氨基酸序列的同源性比较　　(b) HZSA蛋白的三维结构模型预测

图 3.13　HZSA 蛋白的三级结构模型

3.4.6　质粒构建及表达

使用琼脂糖凝胶电泳，用 BamH 和 Hind 消化的 pET-28a（＋）的结果［图 3.14（a）］显示一条长度约为 5.3 kb 的清晰条带，表明质粒构建成功并命名为 CT 载体。在 NCBI 上搜索该序列以证明质粒是正确的。

通过 SDS-PAGE 电泳对重组细胞的每个离心提取物的分析［图 3.14（b）］显示，目的蛋白（以箭头指示）有表达，分子质量约 50kDa，与理论分子质量相比偏大，这可能是因为表达质粒标签、电泳条件（pH、盐浓度等）、蛋白性质（亲水性等）或转录后修饰等影响了蛋白迁移率。对于表达偏大的蛋白，可进行肽质量指纹图谱（peptide mass fingerprinting，PMF）分析来确定蛋白质组成。表达产物几乎均在沉淀中，基本为不溶性表达，与序列预测的结果产生偏差。导致这一结果的可能原因有：诱导表达时菌体密度、诱导剂浓度、诱导时间、破菌缓冲液、破菌 pH（pH 值等于 PI 值时，蛋白质溶解度最小）等。

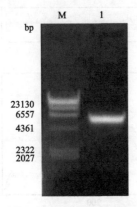
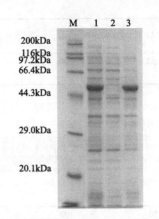

(a) pET-28a(+)载体的琼脂糖凝胶电泳   (b) IPTG诱导的重组的SDS-PAGE电泳分析

图 3.14   电泳分析图

3.5　本章小结

本研究巢式 PCR 扩增 AnAOB 基因组 DNA 所得 *hzs*A 基因序列长 1331bp，共编码 253 个氨基酸。系统发育树分析与 *hzs*A 相似度最高的是未培养的 AnAOB 克隆 *hzs*A。通过在线软件分析得知联氨合成酶 A 亚基（HZSA）为亲水性蛋白，其不含跨膜区也不含信号肽，有 0.7 的可信度位于细胞质内。HZSA 蛋白性质有助于对联氨合成酶进行多亚基基因克隆、表达及纯化。对 HZSA 蛋白的二级结构分析显示其含有四种组成结构，由多到少依次为无规卷曲、延伸链、β-转角和 α-螺旋；无规卷曲和 β-转角共占 64.42%，该蛋白结构较为松散和复杂。以 *Kuenenia stuttgartiensis* 联氨合成酶为模板，成功构建三级结构模型，且 GMQE 得分为 0.81，模型可信。

本研究还通过 DEAE 阴离子交换色谱和超滤的方法对联氨氧化酶（HZO）进行了初步纯化，确定了纯化后酶的分子质量范围，并发现辅酶 Q 对联氨氧化酶活性的提升有显著效果，而 2-羟基-1,4-萘醌和蒽醌-2-磺酸钠盐对酶活性的影响较小。这些研究结果为深入理解 HZO 的性质及其在 Anammox 过程中的作用提供了重要依据，也为后续进一步的酶学研究和应用奠定了基础。

◆ 参考文献 ◆

[1] 陈子爱，陈会娟，魏本平，等. $n(NO_3^- \text{-N})/n(NO_2^- \text{-N})$ 对混培养菌与纯培养菌同步脱氮除

硫的影响 [J]. 环境科学，2014，35（2）：746-752.

[2] Mulder A，van de Graaf A A，Robertson L A，et al. Anaerobic ammonium oxidation discovered in a denitrifying fluidized bed reactor [J]. FEMS Microbiology Ecology，1995，16（3）：177-183.

[3] Li J W，Li J L，Gao R T，et al. A critical review of one-stage anammox processes for treating industrial wastewater：Optimization strategies based on key functional microorganisms [J]. Bioresource Technology，2018，265：498-505.

[4] Burgin A J，Hamilton S K. Have we overemphasized the role of denitrification in aquatic ecosystems? A review of nitrate removal pathways [J]. Frontiers in Ecology and the Environment，2007，5（2）：89-96.

[5] Zhou Z C，Wei Q Y，Yang Y C，et al. Practical applications of PCR primers in detection of anammox bacteria effectively from different types of samples [J]. Applied Microbiology and Biotechnology，2018，102（14）：5859-5871.

[6] van Niftrik L A，Fuerst J A，Sinninghe Damste J S，et al. The anammoxosome：an intracytoplasmic compartment in anammox bacteria [J]. FEMS Microbiology Letters，2004，233（1）：7-13.

[7] 郭星，赵光，孙婷，等. 厌氧氨氧化微生物学机制及其在污水脱氮工艺中的应用进展 [J]. 世界科技研究与发展，2017，39（1）：45-50.

[8] Dalsgaard T，Canfield D E，Petersen J，et al. N_2 production by the anammox reaction in the anoxic water column of Golfo Dulce，Costa Rica [J]. Nature，2003，422（6932）：606-608.

[9] Trojanowicz K，Plaza E，Trela J. Pilot scale studies on nitritation-anammox process for mainstream wastewater at low temperature [J]. Water Science and Technology，2016，73（4）：761-768.

[10] Regmi P，Holgate B，Fredericks D，et al. Optimization of a mainstream nitritation-denitritation process and anammox polishing [J]. Water Science and Technology，2015，72（4）：632-642.

[11] Shimamura M，Nishiyama T，Shigetomo H，et al. Isolation of a multiheme protein with features of a hydrazine-oxidizing enzyme from an anaerobic ammonium-oxidizing enrichment culture [J]. Applied and Environmental Microbiology，2007，73（4）：1065-1072.

[12] van de Graaf A A，Debruijn P，Robertson L A，et al. Metabolic pathway of anaerobic ammonium oxidation on the basis of ^{15}N studies in a fluidized bed reactor [J]. Microbiology，1997，143（7）：2415-2421.

[13] Schalk J，Oustad H，Kuenen J G，et al. The anaerobic oxidation of hydrazine：A novel reaction in microbial nitrogen metabolism [J]. FEMS Microbiology Letters，1998，158（1）：61-67.

[14] Schalk J，de Vries S，Kuenen J G，et al. Involvement of a novel hydroxylamine oxidoreductase in anaerobic ammonium oxidation [J]. Biochemistry，2000，39（18）：5405-5412.

[15] Quan Z X，Rhee S K，Zuo J E，et al. Diversity of ammonium-oxidizing bacteria in a granular sludge anaerobic ammonium-oxidizing（anammox）reactor [J]. Environmental Microbiology，2008，10（11）：3130-3139.

[16] Li X R，Du B，Fu H X，et al. The bacterial diversity in an anaerobic ammonium-oxidizing（anammox）reactor community [J]. Systematic and Applied Microbiology，2009，32（4）：278-289.

[17] 周英杰，王淑梅，张兆基，等. 厌氧氨氧化菌的代谢途径及其关键酶的研究进展 [J]. 生态学杂志，2012，31（3）：738-744.

[18] 邢家丽，梁甘，孟凡刚. 无纺布-生物反应器快速启动厌氧氨氧化脱氮工艺 [J]. 环境科学与技术，2019，42（7）：105-110.

[19] Thirdk A，Sliekers A O，Kuenen J G，et al. The CANON system (completely autotrophic nitrogen-removal over nitrite) under ammonium limitation: Interaction and competition between three groups of bacteria [J]. Systematic and Applied Microbiology，2001，24（4）：588-596.

[20] Wang Z，Yu Q，Zhao Z，et al. Ferroheme/ferriheme directly involved in the synthesis and decomposition of hydrazine as an electron carrier during Anammox [J]. Environmental Science & Technology，2024，58（23）：10140-10148.

[21] Xiong Y T，Liao X W，Guo J S，et al. Potential role of the anammoxosome in the adaptation of anammox bacteria to salinity stress [J]. Environmental Science & Technology，2024，58（15）：6670-6681.

4

聚氯乙烯微塑料短期暴露对厌氧氨氧化过程的影响

4.1 引言

聚氯乙烯（polyvinyl chloride，PVC）是最早的热塑性聚合物之一，其结构式如图4.1所示。自20世纪30年代初期至今，PVC产量一直在不断增长。氯化钠和石化原料都是可以用于合成PVC的主要原料。PVC具有良好的抗腐蚀性、力学性能、黏合性及高透明度，广泛应用于医药产品、食品包装、涂层织物、人造皮革、绝缘材料等。PVC制成的元件具有使用寿命长、碳足迹低等生态优势。

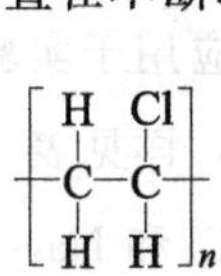

$$\left[\begin{array}{cc} H & Cl \\ | & | \\ C - C \\ | & | \\ H & H \end{array}\right]_n$$

图4.1　PVC结构式

4.2　实验材料与方法

4.2.1　主要仪器及设备

实验主要使用的仪器及设备见表4.1。

表 4.1　实验主要使用的仪器及设备

仪器或设备名称	品牌及型号
水浴锅	常州越新，HH-8
小电机	信达电机，25GA370
调速器	信达电机，CCM5D
电源	信达电机，QZ-250-24
紫外-可见分光光度计	安捷伦，UV-1800
便携式溶解氧仪	希玛，AR8406
双层立式恒温摇床	常州瑞华，HZQ-X100
高速冷冻离心机	湘仪，TGL-16M
手持研磨仪	沪析，HMR-1
酶标仪	赛默飞，Multiskan Ascent
全自动高压蒸汽灭菌锅	上海博迅，YXQ-50G
电热恒温鼓风干燥箱	上海精宏，DHG-9140A

4.2.2　实验用污泥及污水

实验采用的污泥来自长期稳定运行的升流式厌氧污泥床（upflow anaerobic sludge blanket，UASB）厌氧氨氧化反应器。实验采用的污水为人工模拟合成污水。污水采用改良的由 van de Graaf 于 1996 年提出的配方，该配方被广泛应用于实验室厌氧氨氧化反应器培养。配方包括污水主要成分及微量元素，详见表 4.2 和表 4.3，每升污水中添加 1.25mL 微量元素溶液。使用 HCl 和 Na_2CO_3 控制污水的 pH 在 7.5 ± 0.2 的范围内。使用 NH_4Cl 和 $NaNO_2$ 作为氮源，提供污水中的 NH_4^+-N 和 NO_2^--N。上述试剂纯度均为分析纯。

表 4.2　人工合成模拟污水主要成分

成分	含量/(g/L)	成分	含量/(g/L)
$KHCO_3$	1.25	$MgSO_4 \cdot 7H_2O$	0.2
KH_2PO_4	0.025	$FeSO_4$	0.00625
$CaCl_2 \cdot 2H_2O$	0.3	EDTA	0.00625

表 4.3　微量元素溶液配方

成分	含量/(g/L)	成分	含量/(g/L)
EDTA	5	$Na_2MoO_4 \cdot 2H_2O$	0.22
$ZnSO_4 \cdot 7H_2O$	0.43	$NiCl_2 \cdot 6H_2O$	0.19
$CoCl_2 \cdot 6H_2O$	0.24	$Na_2SeO_4 \cdot 10H_2O$	0.21
$MnCl_2 \cdot 4H_2O$	0.99	H_3BO_4	0.014
$CuSO_4 \cdot 5H_2O$	0.25	$Na_2WO_4 \cdot 2H_2O$	0.05

4.2.3　小型厌氧氨氧化序批式反应器

为了模拟不同类型微塑料短期暴露下厌氧氨氧化反应的表现，制作了一种易于实验室小试研究的小型厌氧氨氧化序批式反应器。

此小型反应器用到的主要材料有：500mL 锥形瓶、橡胶瓶塞、搅拌棒、小电机、调速器、电源、水浴锅、遮光布等。

厌氧氨氧化反应器中，搅拌混合会显著促进固液两相的传质过程，为了更好地实现模拟效果，此小型反应器设置搅拌棒。将搅拌棒连接到电机，穿过橡胶塞的砂芯孔，用密封胶密封接口处。将上述装置插入锥形瓶中，连接小电机和调速器，接通电源。调速器控制搅拌速度稳定在 100r/min。将锥形瓶置于35℃的水浴锅中，并覆盖遮光布。反应器装置示意图如图 4.2 所示。每个小型反应器中，接种等量的污泥与污水。为保证反应器内处于厌氧条件，应在反应器运行前进行氮吹，然后迅速盖紧塞子。溶解氧用便携式溶解氧仪测定。

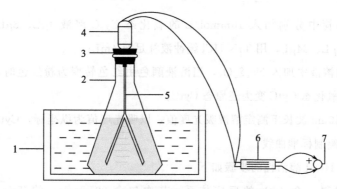

图 4.2　小型模拟反应器装置示意图

1—水浴锅；2—锥形瓶；3—橡胶塞；4—小电机；5—搅拌棒；6—调速器；7—电源

4.2.4　联氨氧化酶活性的测定

4.2.4.1　粗酶液提取

微塑料短期暴露结束后，提取各反应器中厌氧氨氧化菌的粗酶液，用来测定联氨脱氢酶（HDH）酶活性。提取粗酶液的步骤如下：

① 从各反应器中分别取 1g 湿重的污泥，置于 2mL 离心管内，用 10mmol/L PBS（1×PBS）冲洗 3 次，以去除残留的基质和絮体。

② 加入 1×PBS，重悬菌体至 1.5mL。

③ 在 250W、40kHz 的超声冰水浴中，使用便携式研磨仪，以 18000r/min 的转速破碎菌体，每工作 10s 停止 5s，共计 5min。超声处理是为了更好地分散菌体，冰水浴是为了提供防止酶蛋白酶活性降低的温度，间歇工作是为了防止局部过热。

④ 将破碎后的混合液，于 4℃、10000g 下离心 10min。弃去破碎后的菌体，取上清液，作为粗酶液，用于后续测定。

4.2.4.2　粗酶液蛋白含量测定

蛋白浓度的测定使用考马斯亮蓝法（Bradford）进行检测。

4.2.4.3　HDH 酶活性测定

HDH 酶催化反应是氧化态细胞色素 C（cytochrome C，CytC）变为还原态 CytC，N_2H_4 转变为 N_2 的过程。HDH 酶活性的表征，通过测定反应前后 CytC 的吸光度来进行。计算 HDH 酶活性，需要测定 CytC 标准曲线。具体步骤如下：

① 各管中分别加入 10mmol/L 的氧化态 CytC 溶液 4μL、8μL、12μL、16μL、20μL、24μL，用 Tris-HCl 缓冲液补足至 4mL；

② 向溶液中加入 $Na_2S_2O_4$，当溶液颜色由红色转变为粉红色时，立即停止，此时氧化态 CytC 变为还原态 CytC；

③ 550nm 波长下测定溶液吸光度值，以吸光度值为纵坐标，CytC 浓度为横坐标，绘制标准曲线。

测定 HDH 酶活性的步骤如下：

① 配制一个 4mL 的反应体系，其中包含 20mmol/L 的 Tris 缓冲液，50μmol/L 的联氨，50μmol/L 的 CytC（氧化态）和 200μL 的粗酶液；

② 反应体系配制完成后，立刻测定 550nm 波长下的吸光度值为反应初始

值，后续放入 35℃恒温环境下，每隔 1min 测定一次，直至反应完全；

③ 依据式（4.1）计算 HDH 酶活性 $[\mu mol/(mg \cdot min)]$，其中 CytC 浓度由 CytC 标准曲线计算，蛋白浓度由考马斯亮蓝法测得。

$$HDH\ \text{酶活性} = \frac{\text{稳定后 CytC 浓度} - \text{初始 CytC 浓度}}{\text{达到稳定所用时间} \times \text{粗酶液蛋白浓度}} \tag{4.1}$$

4.2.5 胞外聚合物的提取及测定

4.2.5.1 EPS 的提取

依次提取厌氧氨氧化菌的三层胞外聚合物（EPS），分别为黏液型 EPS（slime EPS，S-EPS）、松散结合型 EPS（loosely bound EPS，LB-EPS）和紧密结合型 EPS（tightly bound EPS，TB-EPS）。提取步骤如下：

① 收集污泥，用 1×PBS 洗涤三次，去除絮体和残留的基质；

② 向洗涤后的菌体中加入等量的 1×PBS，2000g 下离心 15min，收集离心后的上清液，作为 S-EPS；

③ 将上一步离心后的菌体，重悬于等量的 0.05% 氯化钠溶液中，在 250W、40kHz 下超声 1min，再于 150r/min 的摇床中振荡 10min，最后在 4000g 下离心 10min，收集离心后的上清液，作为 LB-EPS；

④ 将上一步离心后的菌体，重悬于等量的 0.9% 氯化钠溶液中，在 80℃ 的恒温水浴中加热 30min，再于 150r/min 的摇床中振荡 2min，等待冷却至室温后，12000g 下离心 15min，收集离心后的上清液，作为 TB-EPS。

4.2.5.2 测定 EPS 中的 PN 和 PS

分别测定 S-EPS、LB-EPS、TB-EPS 中的蛋白质（PN）和多糖（PS）。PN 的测定方法同 4.2.4.2 节，PS 的测定方法采用蒽酮-硫酸法。

用葡萄糖作标准物质，绘制 PS 标准曲线，具体步骤如下：

① 将葡萄糖烘干至恒重后，配制 1mg/mL 的葡萄糖标准溶液，于各管中分别加入 0μL、20μL、40μL、60μL、80μL、100μL，即葡萄糖含量分别为 0μg、20μg、40μg、60μg、80μg、100μg；

② 各管中加双蒸水补足至 1mL；

③ 后续加入蒽酮-硫酸溶液进行测定，步骤同样品测定；

④ 以葡萄糖含量为横坐标，吸光度值为纵坐标，绘制标准曲线。

样品测定步骤如下：

① 配制蒽酮-硫酸溶液，0.125％（0.125g/100mL）的蒽酮加入 94.5％
（体积分数）的浓硫酸中，摇匀，该溶液每次测定现用现配，不可久置；

② 将样品用双蒸水作适当稀释后，加 1mL 于小管中，再加入 2mL 蒽酮-
硫酸溶液，用旋涡混匀仪快速振荡均匀；

③ 将上述混合液于 100℃下水浴加热 14min，再迅速放入 4℃冰水浴中冷
却 5min；

④ 于 625nm 波长下，测定吸光度值，通过标准曲线计算溶液中 PS 的浓度。

4.2.6　代谢组学检测分析

提取微塑料暴露 12h 后的 AnAOB 代谢物，运用液相色谱-串联质谱（LC-
MS/MS）检测代谢物含量。筛选后得到的代谢物质进行质量控制及批次校正，
标准化后分析各组中的差异代谢物，并利用京都基因与基因组百科全书
（Kyoto Encyclopedia of Genes and Genomes，KEGG）数据库匹配代谢通路，
进行富集分析及拓扑分析，使用微科盟生科云作图。

4.3　聚氯乙烯微塑料对厌氧氨氧化菌脱氮性能的影响

使用如前所述的易于实验室制作的厌氧氨氧化小型序批式模拟反应器，分
别设置空白对照组、添加 100 目 PVC 微塑料组和添加 1000 目 PVC 微塑料组，
微塑料的浓度均按 0.1％（0.1g/100mL）添加，研究不同粒径的 PVC 短期暴
露下 AnAOB 的响应情况。每隔 1h，收集反应器中水样并使用 0.45μm 的滤膜
进行过滤，一式三份测量水样中含氮指标，共进行 12h。得到每组的 NH_4^+-N、
NO_2^--N 和 TN 每小时去除率如图 4.3 所示。三组反应器中的 Anammox 反应
都呈持续稳定上升的状态。空白对照组的 NH_4^+-N、NO_2^--N 和 TN 去除率几乎
从开始至最终都是最高的，这说明添加 PVC 微塑料显著降低了 Anammox 的
反应速率。而 1000 目 PVC 组的 NH_4^+-N、NO_2^--N 和 TN 去除率整体上均高于
100 目 PVC。100 目 PVC 和 1000 目 PVC 的 NH_4^+-N 12h 去除率分别为 81.4％
和 84.8％，NO_2^--N 12h 去除率分别为 85.5％和 87.3％，TN 12h 去除率分别
为 74.5％和 76.6％。添加 PVC 微塑料短期内会抑制 Anammox 反应，100 目
PVC 比 1000 目 PVC 抑制效果更强。

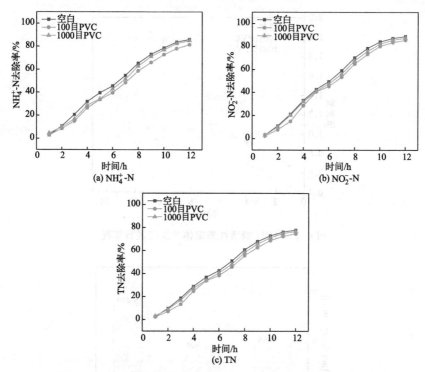

图 4.3　PVC 微塑料对 NH_4^+-N、NO_2^--N、TN 去除率的影响

4.4　聚氯乙烯微塑料对联氨脱氢酶酶活性的影响

　　按照 4.2.4.2 的方法，提取各反应器短期暴露结束后的粗酶液，并通过比色法测定 HDH 的活性，通过比较 Anammox 反应关键酶的 HDH 酶活性，评价各组 AnAOB 活性。三组反应器 HDH 测得的吸光度经粗酶液蛋白浓度归一化后的变化曲线如图 4.4 所示。根据 4.2.4.3 中式（4.1）计算 HDH 酶活性，得三组 HDH 酶活性如图 4.5 所示。

　　图 4.4 直观反映 HDH 酶反应体系的反应过程，添加 1000 目 PVC 组虽然达到稳定的时间更长，但反应量更大，对 HDH 酶反应过程有明显的促进作用，相比之下 100 目 PVC 会略微降低 HDH 酶反应活性。如图 4.5 所示，100目 PVC 组的 HDH 酶活性是空白对照组的约 90%，而 1000 目 PVC 组是空白对照组的 1.4 倍。12h 内，不同粒径的 PVC 微塑料对 AnAOB 的 HDH 表现出了不同的影响趋势。

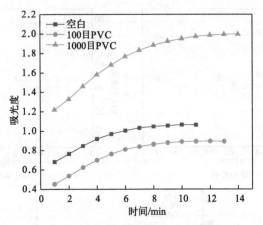

图 4.4 HDH 酶活性测定体系反应进行情况

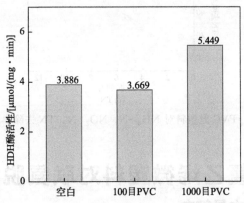

图 4.5 PVC 暴露 12h 后的 HDH 酶活性

4.5 聚氯乙烯微塑料对胞外聚合物的影响

如前所述，提取 AnAOB 的 S-EPS、LB-EPS、TB-EPS，分别测定它们的 PN 和 PS。图 4.6 展示了添加 PVC 微塑料后 S-EPS、LB-EPS、TB-EPS 及总 EPS 中 PN 和 PS 的含量情况，图 4.7 展示了各层 EPS 及总 EPS 的 PN/PS。添加 100 目 PVC 微塑料后，EPS 分泌略微增加，总量增加至空白对照组的 1.09 倍；添加 1000 目 PVC 微塑料后，EPS 分泌增加较多，总量增加至空白对照组的 1.59 倍，与之前的研究结果一致。PS 在 S-EPS 中的占比最高，且其在 100 目 PVC 组和 1000 目 PVC 组中的占比近似一致，都比空白对照组高，有助于营养物质的吸附。100 目 PVC 使得 S-EPS、LB-EPS 和 TB-EPS 的 PN/PS 值下降，而 1000 目 PVC 使得 LB-EPS 和 TB-EPS 的 PN/PS 值上升，尤其以 LB-EPS 中的上升最为显著。LB-EPS 中的蛋白质具有最紧密的二级结构。

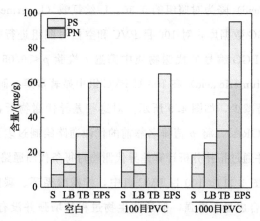

图 4.6　PVC 暴露 12h 后分层 EPS 与总 EPS 的 PN、PS

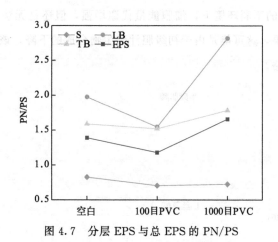

图 4.7　分层 EPS 与总 EPS 的 PN/PS

4.6　聚氯乙烯微塑料暴露下厌氧氨氧化菌代谢机制的调节

4.6.1　100 目 PVC 下的代谢差异情况

以空白对照组为参照，将所有代谢物标准化后，比较加入 100 目 PVC 的 AnAOB 代谢物均值相较于空白对照组的变化情况。计算变化倍数，使用 $\log_2$

转化后的变化倍数作横坐标，t 检验 p 值作纵坐标，绘制代谢物倍数变化火山图。关注左上与右上的区域，该区域中的点变化倍数绝对值＞2 且 $p<0.05$，是富集明显差异显著的代谢物。如图 4.8 所示，添加 100 目 PVC 后，牛磺胆酸（taurocholic acid）降为对照组的 0.36，L-丝氨酸（L-serine）降为对照组的 0.31。利用 KEGG 数据库，对 100 目 PVC 和空白对照组进行差异代谢物富集分析。在具有 KEGG 编号的代谢物质中筛选 t 检验 $p<0.05$ 的差异代谢物，发现延胡索酸（fumaric acid）在 100 目 PVC 组中显著富集，而牛磺胆酸在 100 目 PVC 组中显著减少，如图 4.9 所示。对这些差异代谢物所在的代谢通路进行过表达分析（ORA），将 p 值排名靠前的代谢通路绘制过表达分析富集分析图（图 4.10）。并通过拓扑分析计算差异代谢物对每条代谢通路的影响程度，绘制拓扑分析图（图 4.11）。100 目 PVC 组中，柠檬酸循环、碳固定途径、丙酮酸代谢和精氨酸合成显著增强，但这些生物过程的增强并没有使得 Anammox 反应得到增强，反而是无论脱氮效率还是 HDH 酶活性都呈现出下降的状态。在 100 目 PVC 的不利环境下，细胞能量代谢增强，但还是无法抵抗不利条件带来的抑制效果，这可能是由于初级胆汁酸生物合成的下降，该代谢通路是影响值最大的通路。

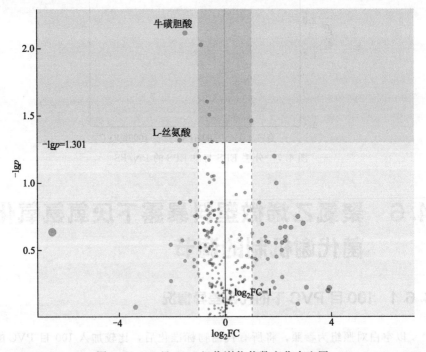

图 4.8　100 目 PVC 组代谢物倍数变化火山图

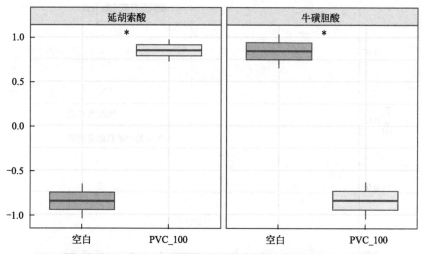

图 4.9　100 目 PVC 组具有 KEGG 标识的显著差异代谢物

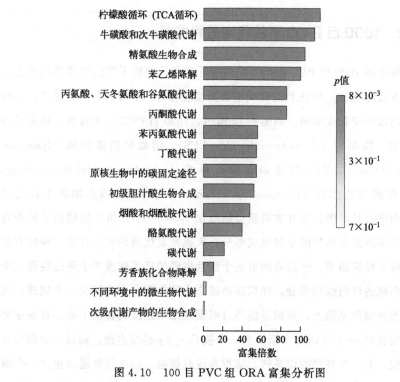

图 4.10　100 目 PVC 组 ORA 富集分析图

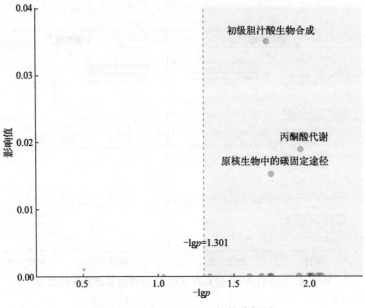

图 4.11　100 目 PVC 组拓扑分析图

4.6.2　1000 目 PVC 下的代谢差异情况

　　计算添加 1000 目 PVC 组所有代谢物标准化后相较于空白对照组的变化情况，以各代谢物 $\log_2$ 转化后的变化倍数为横坐标，t 检验 p 值作为纵坐标，绘制代谢物倍数变化火山图。如图 4.12 所示，1000 目 PVC 组中找到了较多的差异代谢物。脂多糖（lipopolysaccharide，LPS）、溶血磷脂酰胆碱（lysophosphatidylcholine，LPC）、溶血磷脂酰乙醇胺（lysophosphatidylethanolamine，LPE）、磷脂酰乙醇胺（phosphatidyl ethanolamine，PE）的点团聚于右上区域，说明溶血甘油磷脂及甘油磷脂类物质在 1000 目 PVC 组中呈现出了显著富集。甘油磷脂是生物膜的重要组成部分。厌氧氨氧化菌的膜中含有一种特有的成分，称作梯烷脂质。梯烷是指由五个线性串联的环丁烷或单个环己烷和三个环丁烷串联的环组成的部分，梯烷脂质通常由这些部分中的至少一个组成，这些部分连接到烷基链上，该烷基链通过醚键或酯键连接到甘油主链。甘油主链上烷基位置的 sn-1 和 sn-2 中至少有一个被 C_{20}-[3]-梯烷占据，而另一个包含另一个梯烷，有一个共同的烷基链，或根本没有烷基。sn-3 位置通常包含一个磷脂分子，例如磷脂酰胆碱（phosphatidylcholine，PC）或 PE 等，磷脂分子是整个梯烷脂的头基部分，sn-3 位失去极性首基则被称为核心梯烷脂，含有极性首基则被称为完整梯烷脂。梯烷脂质存在于厌氧氨氧化体中，有关其功能的假说主要是限制质子和自由基从厌氧氨氧化体中扩散出去，使 Anammox 反应缓慢，或作为有毒中间产物 N_2H_4 的屏障，防止其外泄对细菌自身产生毒害作用。细胞的生长和细胞膜脂质的积累密切相关，添加 1000 目 PVC 后，甘油磷脂类物质显著上升，对 AnAOB 的生长、聚集有着积极的作用。Tang 等发现 LPC 生物合成的上调为确定控制细菌生长的关键上游代谢途径提供了基础，是 AnAOB 生长速度加快的原因之一，可以用来预测细菌的生长。Zhao 等发现明显富集的 PE 生物合成途径对于增强细胞外疏水性以加速聚集也至关重要。Gao 等发现甘油磷脂下调表达是细胞膜功能受损的表现。Shi 等提出 PC 的增加可能促进细胞膜的合成，并对调节质膜上的孔隙大小具有有益作用，促进了反应过程中相关物质的进出，促进了细菌的生长和代谢。

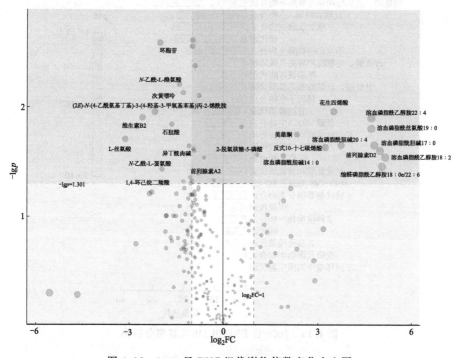

图 4.12　1000 目 PVC 组代谢物倍数变化火山图

在具有 KEGG 标识的代谢物中筛选 t 检验 $p > 0.05$ 的差异代谢物，对这些代谢物参与的代谢通路进行过表达分析，判断关注的代谢物是否在这些代谢通路中显著富集。用排名靠前的代谢通路绘制 ORA 富集分析图，如图 4.13 所示。再通过计算通路中所有差异代谢物的相对出度总和，用拓扑分析判别差异代谢物在每条代谢通路内产生的影响程度，绘制拓扑分析图，如图 4.14 所示，纵坐标值越大，表示差异代谢物对该通路的影响程度越高。添加 1000 目 PVC 后，显著下调的代谢通路有核黄素代谢（riboflavin metabolism）、鞘脂代谢（sphingolipid metabolism）、硫代谢（sulfur metabolism）和内酰胺生物合成（lactam biosynthesis）。显著上调的代谢通路有花生四烯酸代谢（arachidonic acid metabolism），二苯乙烯类、二芳基庚烷类和姜辣素的生物合成（stilbenoid，diarylheptanoid and gingerol biosynthesis），泛酸和辅酶 A 生物合成（pantothenic acid and CoA biosynthesis），以及缬氨酸、亮氨酸和异亮氨酸的生物合成（valine，leucine and isoleucine biosynthesis）。

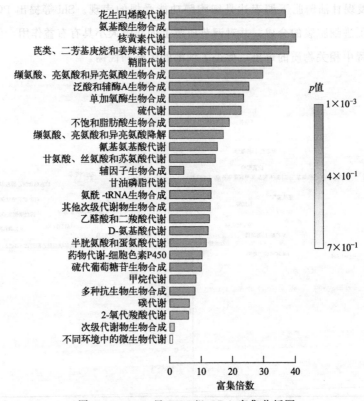

图 4.13　1000 目 PVC 组 ORA 富集分析图

核黄素（riboflavin），即维生素 B2（vitamin B2），是一种参与革兰氏阳性菌和革兰氏阴性菌胞外电子传递过程的可溶性介质，黄素单核苷酸（flavin mononucleotide，FMN）和黄素腺嘌呤二核苷酸（flavin adenine dinucleotide，FAD）是细胞中核黄素的两种最常见形式。虽然核黄素不直接参与细菌代谢，但其衍生物 FMN 和 FAD 与多种生理活动相关，这两种活性物质通常作为细胞代谢中氧化还原酶的辅基，如烟酰胺腺嘌呤二核苷酸（nicotinamide adenine

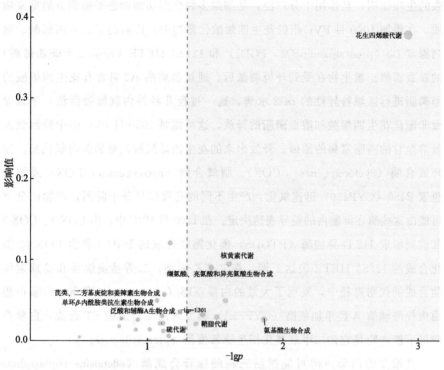

图 4.14 1000 目 PVC 组拓扑分析

dinucleotide，NAD) 脱氢酶和黄嘌呤氧化酶等，是微生物代谢过程中重要的电子传递体。核黄素还经常作为外源性介质添加到污水污泥系统中提高反应效率。Shi 等在戊酸发酵处理污泥的过程中添加核黄素，辅助发酵系统维持合适的 pH 条件，丰富了相关细菌种属，降低能耗，提高了水解酸化效率；Liu 等在反硝化系统中添加核黄素提高了相关功能基因丰度，产生了更多的可用碳源，在废弃活性污泥中添加核黄素也增强了污泥发酵。1000 目 PVC 组中核黄素代谢的下调，说明基于核黄素的胞外电子传递过程有所下降，基于核黄素的机体代谢强度降低。

L-丝氨酸丰度的降低，对鞘脂代谢、硫代谢和内酰胺生物合成造成了影响。添加 100 目 PVC 微塑料组也检测到了 L-丝氨酸的下调，1000 目 PVC 组中 L-丝氨酸造成的影响与其相同。

花生四烯酸代谢是对添加 1000 目 PVC 后 Anammox 菌代谢影响最大的代谢通路，影响值接近 0.4。花生四烯酸是一种具有四个双键的二十碳多不饱和脂肪酸，是生物细胞膜不可或缺的组成部分，赋予其流动性和柔韧性。花生四烯酸的四个双键使其容易氧化，从而转变成各种代谢物，这些代谢产物具有很强的生理作用，且作用十分广泛，是细胞多种生理功能动态平衡调节的重要物质。在添加 1000 目 PVC 组的花生四烯酸代谢物中，检测到了花生四烯酸、前列腺素 D2（prostaglandin D2，PGD2）和 12(S)-HETE（羟基二十碳四烯酸）的显著富集。微生物在受到环境刺激后，通过磷脂酶 A2 对含有花生四烯酸的卵磷脂进行区域特异性的 sn-2 水解，这一过程几秒钟内就能被激活，于是导致非酯化花生四烯酸和溶血磷脂的释放，这可能是 1000 目 PVC 组中检测到大量溶血甘油磷脂富集的原因。释放出来的花生四烯酸被过量的胞内氧化酶，如环氧合酶（cyclooxygenase，COX）、脂氧合酶（lipoxygenase，LOX）或细胞色素 P450（CYP450）迅速氧化，产生不同的有效信号分子阵列，产物的分布可能由这些酶在细胞内的差异表达决定。在 1000 目 PVC 中，由 COX 1、COX 3 和前列腺素-H2 D-异构酶（PTGDS）催化路径合成的 PGD 2 和由 LOX 12 催化合成的 12(S)-HETE 表达上调。在二苯乙烯类、二芳基庚烷类和姜辣素生物合成的代谢途径中，发现了大量的白藜芦醇（resveratrol）富集。白藜芦醇由肉桂酰辅酶 A 经单加氧酶（CYP73A）和二苯乙烯合成酶 ST 合成，白藜芦醇的下游产物是它的二甲氧基化衍生物紫檀芪（pterostilbene）。

高浓度的白藜芦醇可能激活三磷酸腺苷合成酶（adenosine triphosphate synthase）通路的活性，而三磷酸腺苷（adenosine triphosphate，ATP）是生物体最直接的能量来源。Chen 等研究白藜芦醇对铜绿假单胞菌整体代谢影响时，发现白藜芦醇的抗氧化作用可能减轻氧化应激。氧化应激是指机体在遭受各种有害刺激时，会制造出过氧化物与活性氧自由基和活性氮自由基，这些活性氧成分与抗氧化系统之间平衡失调会引起一系列适应性反应，干扰细胞正常的氧化还原状态，导致毒性作用，损害细胞的蛋白质、脂类和 DNA。1000 目 PVC 组中白藜芦醇的富集对菌群在微塑料不利环境下的生存起到了积极作用。

在 1000 目 PVC 组中检测到了 3-甲基-2-氧代丁酸的显著富集，对泛酸和辅酶 A 的生物合成以及缬氨酸、亮氨酸和异亮氨酸的生物合成都产生了影响。泛酸和辅酶 A 的生物合成属于维生素和辅因子的代谢，3-甲基-2-氧代丁酸是泛酸合成的前体物质之一。泛酸是三羧酸循环和类固醇脂肪酸合成所必需的中间体，三羧酸循环是蛋白质、脂肪和碳水化合物的主要末端途径，辅酶 A 是泛酸的主要活性形式，主要起传递酰基的作用，泛酸和辅酶 A 的生物合成表达的上调可能会促进中间代谢物的生成。在氨基酸合成中，3-甲基-2-氧代丁酸是 L-缬氨酸形成的直接前体，是 L-亮氨酸合成的间接前体，其富集提高了 L-缬氨酸与 L-亮氨酸的生物合成。在添加 1000 目 PVC 组中，细菌对氨基酸的利用偏好发生了转变，降低了对丝氨酸这类含羟基氨基酸的使用，提高了对中性氨基酸如缬氨酸和亮氨酸的使用。

4.7 本章小结

本章探究了不同粒径 PVC 微塑料短期暴露下的 AnAOB 响应。使用实验室小型模拟序批式反应器，在 0.1%（0.1g/100mL）的浓度下将 AnAOB 分别暴露于粒径为 100 目的 PVC 微塑料和 1000 目的 PVC 微塑料 12h，与不添加微塑料的空白对照组对比，研究得到如下结果。

Anammox 反应器短期暴露于 PVC 微塑料下，均会对反应器脱氮率产生抑制效果，粒径更大的 100 目 PVC 微塑料的抑制效果更强。12h 后，添加 100 目 PVC 微塑料反应器内的 TN 去除率下降到空白对照组的 95.8%，添加 1000 目 PVC 微塑料反应器内的 TN 去除率下降到空白对照组的 98.5%。

在短期的不同粒径 PVC 微塑料暴露下，Anammox 反应关键酶 HDH 的酶活性在 100 目 PVC 组中略微降低，而在 1000 目 PVC 组中有所提高。12h 后，添加 100 目 PVC 微塑料 AnAOB 的 HDH 酶活性降低到空白对照组的约 90%，添加 1000 目 PVC 微塑料 AnAOB 的 HDH 酶活性提高到空白对照组的 1.4 倍。

100 目 PVC 短期暴露后，AnAOB 的 EPS 分泌总量略微增加，PN/PS 值下降，PS 占比增高；1000 目 PVC 短期暴露后，AnAOB 的 EPS 分泌总量增加较多，PN/PS 值上升，PN 占比增高，且 LB-EPS 中 PN 占比增大的贡献率较大。

用代谢组学手段分析添加 PVC 微塑料后的微生物代谢情况。100 目 PVC 组中，延胡索酸的富集和牛磺胆酸的降低对代谢通路的调节较为显著：①延胡索酸参与的柠檬酸循环、碳固定途径、丙酮酸代谢和精氨酸合成受到影响；②牛磺胆酸参与的初级胆汁酸生物合成减少，此为影响值最高的代谢途径。1000 目 PVC 组中，代谢调节物质较为丰富：①甘油磷脂及溶血甘油磷脂类物质大幅增加；②核黄素丰度下调，抑制了基于核黄素代谢的电子传递过程；③L-丝氨酸丰度下调，对鞘脂代谢、硫代谢和内酰胺生物合成造成了影响；④白藜芦醇丰度上调，白藜芦醇有助于细胞在不利条件下生存；⑤3-甲基-2-氧代丁酸丰度上调，促进了泛酸和辅酶 A 的生物合成以及缬氨酸、亮氨酸和异亮氨酸的生物合成；⑥花生四烯酸及其代谢相关产物前列腺素 D2 和 12(S)-HETE 丰度上调，花生四烯酸代谢是影响值最高的代谢途径。

◆ 参考文献 ◆

[1] Alsadi A. Evaluation of carbon footprint during the life-cycle of four different pipe materials [D]. Louisiana：Louisiana Tech University，2019.

[2] Lewandowski K，Skórczewska K. A brief review of poly（vinyl chloride）（PVC）recycling [J]. Polymers，2022，14（15）：3035.

[3] van de Graaf A A，de Bruijn P，Robertson L A，et al. Autotrophic growth of anaerobic ammonium-oxidizing micro-organisms in a fluidized bed reactor [J]. Microbiology，1996，142（8）：2187-2196.

[4] 刘冰洁. 搅拌混合传质提高厌氧氨氧化处理效果的试验研究 [D]. 徐州：中国矿业大学，2021.

[5] Zhang S，Zhang L，Yao H，et al. Responses of anammox process to elevated Fe（Ⅲ）stress：reactor performance，microbial community and functional genes [J]. Journal of Hazardous Materials，2021，414：125051.

[6] Kang D，Li Y，Xu D，et al. Deciphering correlation between chromaticity and activity of anammox sludge [J]. Water Research，2020，185：116184.

[7] Maalcke W J，Reimann J，de Vries S，et al. Characterization of anammox hydrazine dehydrogenase, a key N_2-producing enzyme in the global nitrogen cycle [J]. Journal of Biological Chemistry，2016，291（33）：17077-17092.

[8] Lin X，Su C，Deng X，et al. Influence of polyether sulfone microplastics and bisphenol A on anaerobic granular sludge：Performance evaluation and microbial [J]. Ecotoxicology and Environmental Safety，2020，205：111318.

[9] Wang W，Yan Y，Zhao Y，et al. Characterization of stratified EPS and their role in the initial adhesion of anammox consortia [J]. Water Research，2020，169：115223.

[10] Chen W，Hu F，Li X，et al. Deciphering the mechanism of medium size anammox granular sludge driving better nitrogen removal performance [J]. Bioresource Technology，2021，336：125317.

[11] Kouba V，Hůrková K，Navrátilová K，et al. Effect of temperature on the compositions of ladderane lipids in globally surveyed anammox populations [J]. Science of the Total Environment，2022，830：154715.

[12] 刘兰，明语真，吕爱萍，等. 厌氧氨氧化细菌的研究进展 [J]. 微生物学报，2021，61（4）：969-986.

[13] Kouba V，Hůrková K，Navrátilová K，et al. On anammox activity at low temperature：Effect of ladderane composition and process conditions [J]. Chemical Engineering Journal，2022，445：136712.

[14] 王乙橙，晏鹏，陈猷鹏. 厌氧氨氧化细菌梯烷脂的研究进展 [J]. 中国环境科学，2023，43（9）：4886-4895.

[15] Tang X，Guo Y，Wu S，et al. Metabolomics uncovers the regulatory pathway of acylhomoserine lactones-based quorum sensing in anammox consortia [J]. Environmental Science & Technology，2018，52（4）：2206-2216.

[16] Zhao Y, Feng Y, Li J, et al. Insight into the aggregation capacity of anammox consortia during reactor start-up [J]. Environmental Science & Technology, 2018, 52 (6): 3685-3695.

[17] Gao H, Zhao R, Wu Z, et al. New insights into exogenous N-acyl-homoserine lactone manipulation in biological nitrogen removal system against ZnO nanoparticle shock [J]. Bioresource Technology, 2023, 370: 128567.

[18] Shi T, Liu X, Xue Y, et al. Enhancement of denitrifying anaerobic methane oxidation via applied electric potential [J]. Journal of Environmental Management, 2022, 318: 115527.

[19] Shaw D R, Ali M, Katuri K P, et al. Extracellular electron transfer-dependent anaerobic oxidation of ammonium by anammox bacteria [J]. Nature Communications, 2020, 11 (1): 2058.

[20] Heikal A A. Intracellular coenzymes as natural biomarkers for metabolic activities and mitochondrial anomalies [J]. Biomarkers in Medicine, 2010, 4 (2): 241-263.

[21] Li G F, Huang B C, Cheng Y F, et al. Determination of the response characteristics of anaerobic ammonium oxidation bioreactor disturbed by temperature change with the spectral fingerprint [J]. Science of The Total Environment, 2020, 719: 137513.

[22] Shi B, Huang J, Lin Y, et al. Towards valeric acid production from riboflavin-assisted waste sludge: pH-Dependent fermentation and microbial community [J]. Waste and Biomass Valorization, 2023, 14 (3): 833-845.

[23] Liu J, Huang J, Li W, et al. Coupled process of in-situ sludge fermentation and riboflavin-mediated nitrogen removal for low carbon wastewater treatment [J]. Bioresource Technology, 2022, 363: 127928.

[24] Brash A R. Arachidonic acid as a bioactive molecule [J]. The Journal of Clinical Investigation, 2001, 107 (11): 1339-1345.

[25] Cheng C, Geng J, Lin Y, et al. A metabolomic view of how the anaerobic side-stream reactors achieves in-situ sludge reduction [J]. Journal of Cleaner Production, 2022, 368: 132990.

[26] Hanna V S, Hafez E A A. Synopsis of arachidonic acid metabolism: A review [J]. Journal of Advanced Research, 2018, 11: 23-32.

[27] Piomelli D. Arachidonic acid in cell signaling [J]. Current Opinion in Cell Biology, 1993, 5 (2): 274-280.

[28] López-Lara I M, Geiger O. Bacterial lipid diversity [J]. Biochimica et Biophysica Acta (BBA)-Molecular and Cell Biology of Lipids, 2017, 1862 (11): 1287-1299.

[29] Liu G Y, Moon S H, Jenkins C M, et al. A functional role for eicosanoid-lysophospholipids in activating monocyte signaling [J]. Journal of Biological Chemistry, Elsevier, 2020, 295 (34): 12167-12180.

[30] Wang B, Wu L, Chen J, et al. Metabolism pathways of arachidonic acids: Mechanisms and potential therapeutic targets [J]. Signal Transduction and Targeted Therapy, 2021, 6 (1): 1-30.

[31] Estrela J M, Ortega A, Mena S, et al. Pterostilbene: Biomedical applications [J]. Critical Reviews in Clinical Laboratory Sciences, 2013, 50 (3): 65-78.

[32] Duke S O. Benefits of resveratrol and pterostilbene to crops and their potential nutraceutical value to mammals [J]. Agriculture, Multidisciplinary Digital Publishing Institute, 2022, 12 (3): 368.

［33］ Kumar A，Morris D，Wu Y，et al. ATP synthase c-subunit leak channel as a novel therapeutic target［J］. Biophysical Journal，Elsevier，2023，122（3）：302a.

［34］ Chen T，Sheng J，Fu Y，et al. ^{1}H NMR-based global metabolic studies of pseudomonas aeruginosa upon exposure of the quorum sensing inhibitor resveratrol［J］. Journal of Proteome Research，American Chemical Society，2017，16（2）：824-830.

［35］ Wang D，Meng Y，Meng F. Genome-centric metagenomics insights into functional divergence and horizontal gene transfer of denitrifying bacteria in anammox consortia［J］. Water Research，2022，224：119062.

［36］ Yang P，Peng Y，Liu H，et al. Multi-scale analysis of the foaming mechanism in anaerobic digestion of food waste：From physicochemical parameter，microbial community to metabolite response［J］. Water Research，2022，218：118482.

5

聚对苯二甲酸乙二醇酯微塑料急性胁迫对厌氧氨氧化颗粒污泥性能的影响研究

5.1 引言

2004年，英国科学家汤普森（Thompson）首先提出"微塑料（microplastics，MPs）"一词，以描述小于5mm的塑料颗粒、碎片和纤维，并表现出各种形状。MPs的形成主要是由塑料材料的降解驱动的，塑料材料的降解过程涉及物理、化学和生物反应。这些反应降低了塑料的拉伸强度和剪切强度，改变其物理化学和力学性能，并导致聚合物氧化和链分裂。因此，形成了低分子量降解产物，逐渐碎片成MPs。在最普遍的聚合物中，聚对苯二甲酸乙二醇酯（PET）是聚酯家族中最突出的半结晶透明热塑性塑料。PET衍生的MPs具有高硬度、机械强度、耐化学性和可回收性。由于其可直接合成，具有低生产成本和出色的耐用性等特点，成为包装行业中第三大使用的聚合物，并且是饮料瓶市场中的主要材料。尽管对MPs污染的初步研究主要集中在海洋环境上，但最近的研究越来越强调MPs在淡水和陆地生态系统中的普遍性。据估计，有 80％的海洋 MPs 来源于陆地，河流充当运输到海洋的主要途径。值得注意的是，污水处理厂是重要的贡献者，约占天然水域中发现的 MPs 的 80％，因为经过处理的废水通常被排放到河流、湖泊和海洋中。如今，城市废水将大量 MPs 释放到污水处理厂中。但是，现有的处理过程不足以完全去除 MPs，尤其是小于 0.5mm 的 MPs，这些 MPs 容易被困在活性污泥和污水处理厂的细菌中。

自 20 世纪 90 年代发现厌氧氨氧化菌以来，厌氧氨氧化工艺因其彻底改变废水处理的潜力而受到极大关注。与传统脱氮系统不同，Anammox 工艺不需要氧气和外部碳源，提供了一种可持续、高能效、高脱氮率的解决方案，这些属性与全球可持续发展目标相符。AnAOB 广泛分布于各种环境中，包括缺氧的海洋区域、淡水湖、泥炭土和废水处理厂。在自然生态系统中，AnAOB 在全球氮循环中发挥着关键作用，促进了固定氮向大气氮气的转化。在工业应用中，Anammox 工艺已成为一种经济、高效、环保的脱氮方法。然而，Anammox 的实际应用往往受到 AnAOB 生长速度慢和对环境因素敏感的制约。为了提高工艺的稳定性和可靠性，开发了传统脱氮和 Anammox 结合的混合系统。其中，部分硝化-厌氧氨氧化（PN-A）工艺作为一种低碳、可持续、低成本的生物脱氮策略而备受关注。PN-A 工艺在单级和多级反应器配置中都实现了较高的脱氮效率。值得注意的是，它的成功应用主要基于生物膜的反应系统，该系统提供了有利于 AnAOB 生长和维持活性的稳定环境。

目前关于 MPs 对废水处理系统脱氮影响的研究主要集中在硝化、反硝化和厌氧氨氧化等过程。Atuanya 等报道，MPs 显著影响亚硝酸盐的利用，半致死浓度（LC_{50}）值分别为 25.04、23.93、15.94 和 13.39，表明污染程度不同。Judy 等证明，MPs 胁迫显著减少了关键功能基因的拷贝数，包括固氮酶和氨单加氧酶，它们对氮转化过程至关重要。另外，已显示 MPs 在厌氧消化过程中抑制甲烷的产生，进一步突出了它们对微生物活性的破坏作用。然而，广泛存在于污水处理厂的 MPs 对 AnAOB 的潜在影响仍然知之甚少。研究 AnAOB 对于高浓度 MPs 胁迫的适应性，对于确保生物脱氮系统的稳定性和效率至关重要。MPs 对 Anammox 系统的影响受浓度、粒径和聚合物类型等关键参数的影响，这些因素显著影响脱氮效率、污泥理化性质和微生物群落结构。值得注意的是，胞外聚合物（EPS）分泌已被确定为 MPs 胁迫影响 Anammox 系统的关键机制。EPS 在微生物聚集、应激反应和养分交换中起着至关重要的作用，是理解 Anammox 系统在 MPs 胁迫下恢复能力的关键因素。此外，由 MPs 胁迫引起的微生物群落的变化代表了另一个需要研究的重要机制。了解这些动态对于制定策略以减轻 MPs 对废水处理过程的不利影响是至关重要的。

环境系统中的 MPs 表现出广泛的分布，范围为 100～1000 目，涵盖了废水中最常见的尺寸。本节中 0.1%（0.1g/100mL）的 MPs 浓度超过了大多数废水中观察到的水平，但选择较高浓度可以加速在受控实验室条件下潜在 MPs 影响，从而能够在更短的时间范围内观察重要的效果。此外，高浓度 MPs 的使用可以模拟潜在的污染情况，提供了对废水处理系统长期韧性挑战的见解。这种方法促进了在有限时间内实验结果的产生，为现实世界应用提供了宝贵的参考。本节介绍了关于 MPs 胁迫对 Anammox 过程的影响，阐明潜在机制的新观点，并为进一步探索 MPs 对 Anammox 系统的影响建立了基础。此外，它为制定潜在的缓解策略提供了基础，以应对废水处理中与 MPs 相关的挑战。

5.2　实验材料与方法

5.2.1　厌氧氨氧化反应器和实验操作

实验装置由 500mL 厌氧反应器组成，如图 5.1 所示。从长期稳定的升流式厌氧污泥床厌氧氨氧化反应器中收集了污泥。合成废水，使用最初由 van de Graaf 等提出的配方制备。如表 5.1 和表 5.2 中所述，合成废水包含必需的成分和微量元素。每升废水均以 1.25mL 的微量元素溶液补充。使用 HCl 和 $NaHCO_3$ 将 pH 值保持在 7.5 ± 0.2。NH_4Cl 和 $NaNO_2$ 用作氮源，分别以 80mg/L 和 100mg/L 的浓度提供 NH_4^+-N 和 NO_2^--N。所有试剂均为分析纯。PET MPs 是从东莞市华创塑胶制品有限公司购买的。基于 PET MPs 粒径建立了三个实验组：空白对照组、100 目 PET 组和 1000 目 PET 组。所有实验组中 MPs 的浓度均设置为 0.1%（0.1g/100mL）。反应器在恒定温度（35℃）下进行操作，水力停留时间为 12h。

表 5.1　人工模拟污水的主要成分

成分	浓度/(g/L)	成分	浓度/(g/L)
$KHCO_3$	1.25	$MgSO_4 \cdot 7H_2O$	0.2
KH_2PO_4	0.025	$FeSO_4$	0.00625
$CaCl_2 \cdot 2H_2O$	0.3	EDTA	0.00625

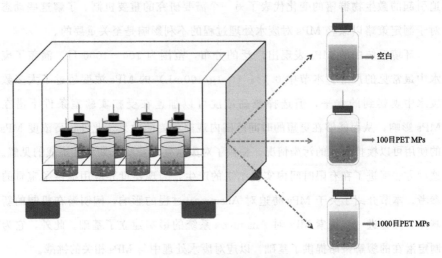

图 5.1　反应器装置示意图

表 5.2　微量元素溶液配方

成分	浓度/(g/L)	成分	浓度/(g/L)
EDTA	5	$Na_2MoO_4 \cdot 2H_2O$	0.22
$ZnSO_4 \cdot 7H_2O$	0.43	$NiCl_2 \cdot 6H_2O$	0.19
$CoCl_2 \cdot 6H_2O$	0.24	$Na_2SeO_4 \cdot 10H_2O$	0.21
$MnCl_2 \cdot 4H_2O$	0.99	H_3BO_4	0.014
$CuSO_4 \cdot 5H_2O$	0.25	$Na_2WO_4 \cdot 2H_2O$	0.05

5.2.2　水质和污泥检测

通过热方法提取了三层厌氧氨氧化颗粒污泥的 EPS，蛋白质（PN）通过考马斯亮蓝法在 595nm 处测定，并通过蒽酮-硫酸分光光度法在 625nm 处确定多糖（PS）。EPS 的总量计算为 PN 和 PS 的浓度总和。在稳定的操作阶段，为了表征 Anammox 反应的活性，采用了测定联氨脱氢酶活性的方法。通过监测 550nm 细胞色素 C 来实现此方法。首先，从反应器污泥中提取粗酶液，提取粗酶液的步骤如下。①从每个反应器中取 1g 湿污泥，将其放入 2mL 离心管中，然后用 10mmol/L PBS（1×PBS）缓冲液冲洗三次，去除残留的絮凝物。②加入 1×PBS 缓冲液，并将细菌定容于 1.5mL。③在 250W、40kHz 超声波冰水浴中，使用便携式研磨机以 18000r/min 的速度破碎细菌，工作 10s，停止 5s，总共 5min。超声处理是为了更好地分散细菌，冰水浴是为了防止酶活性降低，间歇性操作是为了防止局部过热。④混合物在 4℃下离心 10min。丢弃破碎的细菌，并将上清液作为粗酶液进行后续测定。

确定 HDH 酶活性的步骤如下。①配制一个 4mL 的反应体系，其中包含 20mmol/L 的 Tris 缓冲液、50μmol/L 的联氨、50μmol/L 的 CytC（氧化态）和 200μL 的粗酶液。②制备反应体系后，立即将 550nm 波长的吸光度值作为初始反应值。然后将其放置在 35℃的恒定温度环境中，每隔 1min 对其进行测定，直到反应完成。③根据式（4.1）计算 HDH 酶活性。其中 CytC 浓度是通过标准曲线计算的，而蛋白质浓度通过考马斯亮蓝法来测定。

5.2.3　代谢组学检测和分析

MPs 胁迫 12 小时后，提取了 AnAOB 的代谢产物，并使用液相色谱-质谱法（LC-MS）/质谱法（MS）分析其含量。在彻底筛选之后，对代谢产物进行质量控制和校正。所有代谢产物都使用空白组作为参考进行标准化。鉴定了 100 目和 1000 目 PET MPs 反应器中的差异代谢产物，并计算了折叠变化。随后，产生了代谢物变化的区域，重点放在表现出大于 2.0 折叠变化的物质上。这些代谢物可能在代谢过程中起重要作用。

使用京都基因与基因组百科全书数据库分析代谢途径，然后进行富集和拓扑分析。Microsience 云映射用于可视化。在空白组、100 目 PET 组和 1000 目 PET 组用 KEGG 标记的代谢物中，筛选经 t 检验 $p<0.05$ 的差异代谢物，使用 KEGG 数据库来识别与这些差异代谢物相关的代谢途径，并通过过表达分析进一步检查表现出最高 p 值的途径。使用拓扑分析评估这些差异代谢物在相应代谢途径中的作用，并生成拓扑分析图，以说明途径影响的程度。

5.3　聚对苯二甲酸乙二醇酯微塑料对脱氮性能的影响

在 12 小时内，以 1 小时的间隔从每个反应器收集水样。如图 5.2 所示，在 7 小时后，与空白组相比，100 目和 1000 目 PET 组的 NH_4^+-N 去除率显示出一致的改善，其中 1000 目 PET 组表现出更大的增强。到 12 小时，1000 目和 100 目 PET 组的 NH_4^+-N 去除率分别达到 91.7% 和 89.2%。同样，在 4 小时后，两组的 NO_2^--N 去除率都显示出比空白组明显更高的趋势，而 1000 目

PET 组显示出更明显的效果。在实验结束时，1000 目和 100 目 PET 组的 NO_2^--N 去除率分别达到 98.7% 和 94.7%。

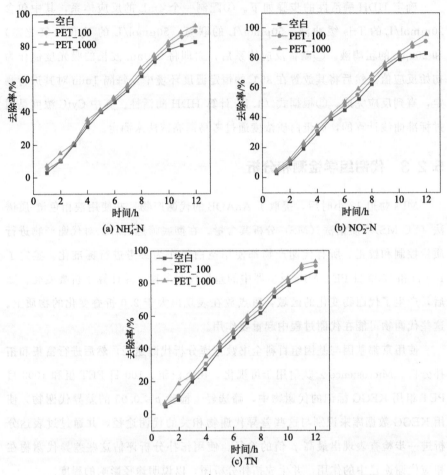

图 5.2　PET 微塑料对 NH_4^+-N、NO_2^--N、TN 去除率的影响

在一项相关的研究中，发现 PET MPs 在反硝化过程中减少了 N_2O 的产生。具体而言，随着 PET MPs 浓度的增加，N_2O 在 2 小时内减少了积累，在 PET MPs 胁迫下，硝化过程中 N_2O 的产生减少了 30%～70%。但是，Hong 等发现，在 PET MPs 短期胁迫的情况下，Anammox 过程的效率下降，表明在高 PET MPs 下的抑制作用。此外，另一项研究表明，小粒径 PET MPs 对 Anammox 的性能产生了负面影响，强调了 MPs 大小和浓度对 Anammox 过程的影响。

污泥系统对 MPs 的响应机制研究显示，不可生物降解的 PET MPs 和可生物降解的聚乳酸（polylactic acid，PLA）微塑料对氮的去除效率存在差异影响。与本研究一致，PET MPs 胁迫并未显著改变效率。取而代之的是，PET MPs 提高了总氮去除率，而 1000 目 PET 组表现出比 100 目 PET 组更强的促进作用。这种改善可能归因于 AnGS 的理化特性和内部结构的变化，这可能会加速底物传质并促进 AnAOB 的生长，从而提高氮去除效率。

5.4 聚对苯二甲酸乙二醇酯微塑料对联氨脱氢酶活性的影响

AnAOB 的代谢活性是由一套酶驱动的，包括亚硝酸盐还原酶（NiR）、硝酸盐还原酶（NaR）、羟胺氧化还原酶（HAO）、联氨合成酶（HZS）和联氨脱氢酶（HDH）。然而，由于 AnAOB 分泌 EPS，分离和纯化这些代谢酶仍然具有挑战性。迄今为止，HAO 和 HDH 是 AnAOB 中研究最为广泛的酶。这项研究中，在胁迫于 MPs 12 小时后测定了 Anammox 过程中 HDH 的活性。另外，评估了 PET MPs 对酶蛋白的影响。通过比色测定 CytC 的吸光度，相应地计算了 HDH 活性。100 目 PET MPs 的添加增强了 HDH 活性，其酶活性水平高于其他实验组 [图 5.3 (a)]。虽然 1000 目 PET 组和空白组达到稳态反应所需时间是相同的，但在 1000 目 PET 组中，反应起始和终止值的范围较宽。与空白组相比，100 目和 1000 目 PET 组都增强了 HDH 活性，其中 100 目组增强了 1.9 倍，而 1000 目组增强了 1.1 倍 [图 5.3 (b)]。这些结果表明，急性胁迫于不同颗粒大小的 PET MPs 会增强 HDH 活性，从而改善去除氮的能力。

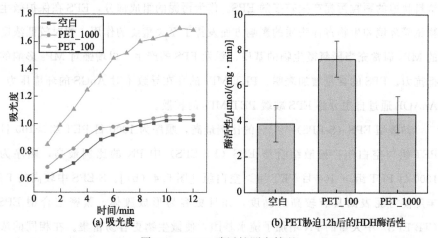

图 5.3　HDH 酶活性测定情况

MPs 通过与细胞表面上的生物分子结合，可能改变酶活性并影响废水处理系统中的硝化和反硝化过程来与关键酶相互作用。此外，细胞附近的小粒径 PET MPs 的存在可能诱导生态毒性，从而导致 AnGS 中的氧化应激和细胞损伤。但是，MPs 对污泥系统的影响可能会根据 MPs 的特性和反应器的运行条件而有所不同，这可以解释在整个研究中观察到的差异。鉴于 MPs 对废水处理过程的潜在环境影响，需要进一步的研究来从多个角度探索这些影响，从而为 MPs 的安全管理和处置提供关键见解。

5.5　聚对苯二甲酸乙二醇酯微塑料对胞外聚合物的影响

　　当前的研究表明，MPs 的吸附能力促进了其他污染物的同化，从而加剧了它们的抑制作用。MPs 可以与细胞表面上的生物分子结合，以影响 AnAOB 的生理功能，例如繁殖、消化和呼吸。在用 100 目 PET 和 1000 目 PET 添加 MPs 后，EPS 的分泌显著增加，在 1000 目 PET 组中，增加更为明显 [图 5.4 (a)]。同时，在一项研究中，分光光度法、傅里叶变换红外光谱（Fourier transform infrared spectrum，FTIR）和三维荧光光谱的分析表明，PET MPs 与 EPS 含量的增加有关。

　　高通量测序结果表明，PET MPs 胁迫导致污泥的微生物群落结构发生了变化。随着 PET MPs 浓度的增加，产生 EPS 细菌的丰度显著增加。聚乙烯微塑料胁迫的颗粒污泥产生较多的 EPS。作为污泥的组成部分，EPS 在保护微生物免受环境和生物毒性物质的影响方面发挥了至关重要的作用。相对较低浓度的 MPs 通常充当厌氧微生物的基质，触发 EPS 的产生，以增强对 MPs 影响的抵抗力。EPS 的含量增加表明，PET MPs 的存在导致了对 AnGS 的环境压力。AnAOB 通过自主分泌 EPS 减缓 PET MPs 的扩散。

　　黏液型 EPS（S-EPS）中 PS 的比例最高，顺序为 1000 目 PET 组＞100 目 PET 组＞空白组。松散结合型 EPS（LB-EPS）中 PN 的比例最高，顺序为 1000 目 PET 组＞100 目 PET 组＞空白组 [图 5.4 (b)]。S-EPS 中较高的 PS 丰度使污泥表面具有较高的黏度，并且更容易形成胶体。紧密结合型 EPS（TB-EPS）中大量的 PN 增加了疏水基团，使微生物更容易富集。在相同的浓度水平上，PET MPs 的粒径越小，细胞的渗透性越强，环境压力的程度越高。

随着 PET MPs 粒径的增大，PN 和 PS 的比例显示出下降趋势。PN/PS 是 An-GS 结构特征的关键指标，较高的 PN/PS 代表较低的结构强度。在这项研究中，PET MPs 组的 PN/PS 高于空白组。在 PET MPs 长期胁迫下，厌氧颗粒污泥也有类似的结果。PN/PS 与 PET MPs 浓度有关。在低浓度 MPs 下，由于刺激微生物，蛋白质可能会积聚，从而促进了 AnGS 的生物絮凝。如果极高水平的 MPs 进入 AnAOB，则抑制蛋白质的分泌。

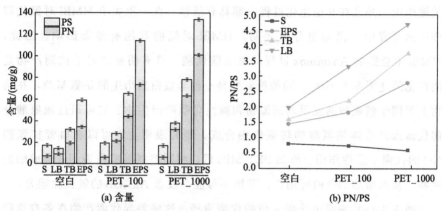

图 5.4　PET 胁迫 12h 后分层 EPS 和总 EPS 含量与 PN/PS

5.6　聚对苯二甲酸乙二醇酯微塑料对厌氧氨氧化菌代谢机制的调节

MPs 已被证明对微生物生长和代谢活性产生重大影响。在碱性条件下，MPs 会产生邻苯二甲酸二丁酯（dibutyl phthalate，DBP），DBP 使细胞内活性氧浓度升高，最终导致 AnAOB 中的细胞死亡［图 5.5（a）和（b）］。代谢组分析表明，六个差异代谢产物，其中溶血磷脂酰胆碱 20∶4（LPC 20∶4）表现出最明显的变化，是对照组的 7.6 倍［图 5.5（c）］。LPC 是甘油磷脂代谢的中间产物，它通过磷脂酶从卵磷脂中去除 sn-1 或 sn-2 脂肪酸。作为 AnAOB 独特的细胞器，其含有特殊的烷烃脂质，甘油磷脂是其重要成分。PET MPs 胁迫引起 LPC 的积累，提高了厌氧反应器的氮去除效率。这一发现表明 LPC 的生物合成减轻了 MPs 诱导的氧化应激，在支持代谢活性的同时，可能稳定 AnAOB 膜完整性。

2-羟基-4-甲硫基丁酸（2-hydroxy-4-methylthiobutyric acid，HMBI）下降

到空白组的 0.5 倍 [图 5.5（d）]。HMBI 是一种有机化合物，由 α-羟基羧酸和硫醇组成。它是二甲基巯基丙酸和天然二甲基硫的前体生物合成中的中间体。该化合物类似于结构中的蛋氨酸（methionine，MET），是 HMBI 中的羟基替代了 MET 中的氨基，并且长期以来一直被视为 MET 的前体。MET 的功能是通过甲硫氨酰-tRNA（转运 RNA）与 40S 核糖体的结合来启动 mRNA 翻译，然后与 60S 核糖体结合形成 80S 核糖体。它在磷脂和蛋白质合成中起关键作用，并且在其他生化过程中都具有活性。在一项关于 HMBI 对氮代谢作用的研究中，代谢组分析表明，HMBI 对氮的利用有显著影响。因此，HMBI 不会影响 Anammox 过程的氮去除性能。具有明显差异的代谢产物是同性化的 [图 5.5（d）]。同型精氨酸是一种非蛋白质衍生的 α-氨基酸，在结构上等同于精氨酸的亚甲基同源物和碱性鸟嘌呤衍生物。它可通过赖氨酸分解代谢或其前体精氨酸的转氨作用合成。研究表明，它可以在血管扩张剂 NO 的代谢中发挥作用。添加 PET MPs 后，将同型氨基酸作为 NO 合成酶的底物，从而增加 NO 的可用性，其增加可能会改善 AnAOB 的氮去除能力。

图 5.6（a）表现出升高 p 值的代谢途径。这些差异代谢产物在各自途径

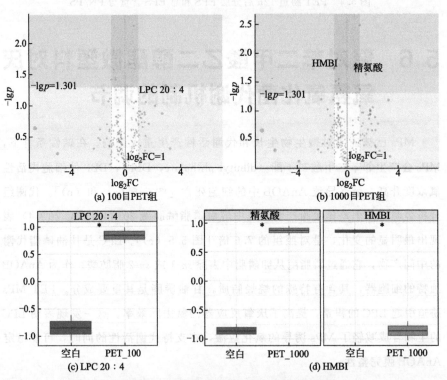

图 5.5　代谢物倍数变化火山图和箱线图

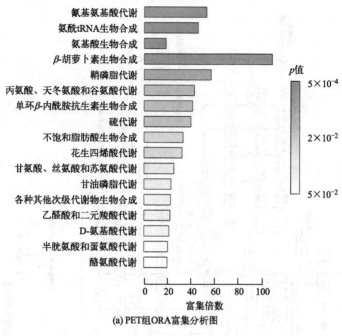

(a) PET组ORA富集分析图

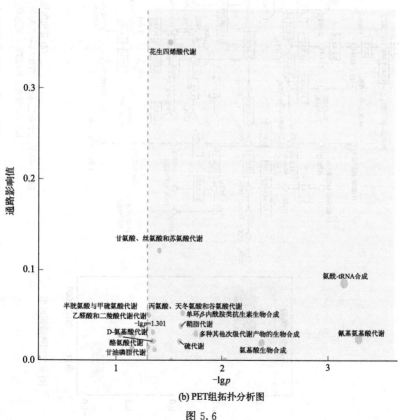

(b) PET组拓扑分析图

图 5.6

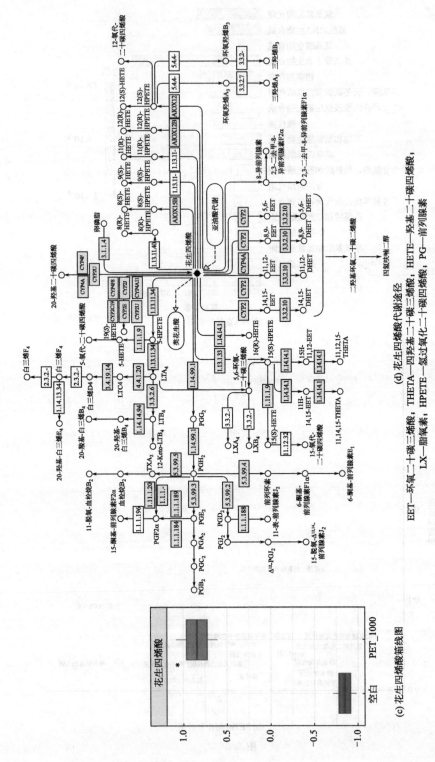

(c) 花生四烯酸箱线图

(d) 花生四烯酸代谢途径

EET—环氧二十碳三烯酸；THETA—四羟基二十碳三烯酸；HETE—羟基二十碳四烯酸；
LX—脂氧素；HPETE—氢过氧化二十碳四烯酸；PG—前列腺素

图 5.6　PET 组 ORA 富集分析拓扑分析图及花生四烯酸箱线图和代谢途径

的贡献通过拓扑分析进行量化，其结果如图5.6（b）所示。值得注意的是，花生四烯酸在1000目组内表现出明显的上调［图5.6（c）］。这个多碳链不饱和脂肪酸的特征是四个双键，是生物细胞膜的重要组成部分，使它们具有流动性和柔韧性。这四个双键的存在使生物膜容易受到氧化的影响，从而导致多种代谢产物产生。这些代谢物具有有效的生理作用并发挥广泛的影响，在各种细胞生理功能的动态调节中至关重要［图5.6（d）］。1000目PET MPs组对花生四烯酸代谢的影响最为明显，这与HDH活性的升高有关。鉴于花生四烯酸是生物活性分子，因此其调节可能与在AnAOB中观察到的HDH活性增强有关。

在1000目PET MPs胁迫的微生物群落中观察到L-天冬酰胺的富集［图5.7（a）］。L-天冬酰胺涉及氨酰-tRNA生物合成，氰基氨基酸代谢，丙氨酸、天冬氨酸和谷氨酸代谢及氨基酸的生物合成。L-天冬酰胺可以通过L-天冬酰胺酶ansA、ansB，天冬酰胺合成酶asnB，天冬氨酸-氨连接酶asnA与L-天冬氨酸相互转化；可以通过β-氰基-L-丙氨酸水合酶NIT4由L-3-氰基丙氨酸合成；可以通过天冬酰胺-含氧酸转氨酶转化为2-氧代琥珀酸酯；还可以通过天冬酰胺-tRNA合成酶asnS来合成L-天冬酰胺-tRNA，促进相关蛋白合成。添加了1000目PET后，氨基酸的利用倾向发生改变，含羟基的丝氨酸的利用减少，酸性的天冬酰胺及碱性的高精氨酸的利用增加。观察到的代谢可能影响EPS组成。由于EPS基质的完整性决定了废水处理系统中的絮凝效率和污泥稳定性，这些发现强调了MPs诱导的代谢和生态系统功能之间的联系。

引入PET MPs后，观察到3-甲氧基酰胺（3-methoxytyramine，3-MT）和L-丝氨酸的浓度下降［图5.8（a）］。3-MT，一种苯甲胺衍生物多巴胺（dopamine，DA）的分解代谢物，是通过酪氨酸衍生而来的。随后通过芳香族L-氨基酸脱羧酶（L-AADC）对L-3,4-二羟基苯胺（L-DOPA）进行脱羧，在受体激活和释放后，DA会通过儿茶酚-O-甲基转移酶（COMT）扩散导致降解，产生3-MT，是其主要的细胞代谢产物。代谢途径内的产物及其降解衍生物是调节特定生理功能的信号分子，3-MT对不同生物体产生了显著的调节作用。丝氨酸是已知三分之一以上的蛋白水解酶（尤其是丝氨酸蛋白酶）的底物，是其合成不可或缺的。如图5.8（b）所示，丝氨酸的下调影响与甘氨酸、丝氨酸和苏氨酸相关的代谢途径，包括半胱氨酸和甲硫氨酸代谢、内酰胺生物合成、乙醛酸和二羧酸代谢、硫代谢。3-MT水平的降低可能使其在生物体中的调节功能衰减，而L-丝氨酸浓度降低，影响了氨基酸代谢和蛋白水解酶的合成，从而影响EPS的产生并增强反应。

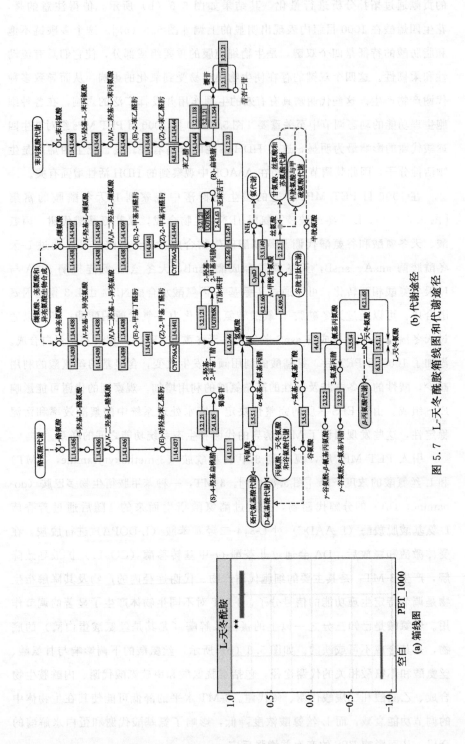

图 5.7　L-天冬酰胺箱线图和代谢途径

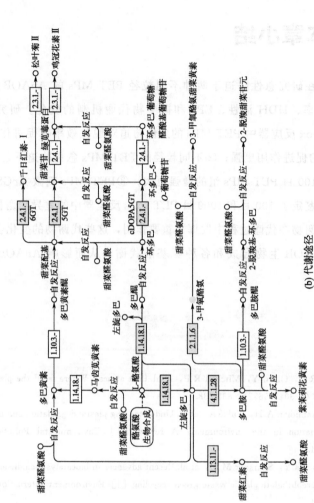

图 5.8 3-MT 箱线图和代谢途径

5.7　本章小结

　　本研究旨在研究急性胁迫于两种不同粒径 PET MPs 的 AnAOB 的响应，探讨了脱氮效率、HDH 活性、EPS 和微生物代谢机制的变化。研究结果表明：①Anammox 反应器中 PET MPs 的急性胁迫对脱氮效率有促进作用，100 目 PET MPs 的促进作用更强；②不同粒径的 PET MPs 急性胁迫下，HDH 的酶活性增强，100 目 PET MPs 组的增强更大；③PET MPs 刺激 AnGS 分泌大量的 EPS；④鉴定了 100 目和 1000 目 PET MPs 反应器中的差异代谢物，经过分析，这些代谢物在代谢过程中发挥了重要作用，这些代谢物的变化会影响蛋白水解酶、AnAOB 生物合成和各种氨基酸代谢，从而影响 AnAOB 的脱氮能力。

◆ 参考文献 ◆

[1]　Thompson R C, Olsen Y, Mitchell R P, et al. Lost at sea：Where is all the plastic？[J]. Science, 2004, 304 (5672)：838-838.

[2]　Zhang K, Hamidian A H, Tubić A, et al. Understanding plastic degradation and microplastic (MP) formation in the environment：A review [J]. Environmental Pollution, 2021, 274：116554.

[3]　Samak N A, Jia Y, Sharshar M M, et al. Recent advances in biocatalysts engineering for polyethylene terephthalate plastic waste green recycling [J]. Environment International, 2020, 145：106144.

[4]　Singh A K, Bedi R, Kaith B S. Composite materials based on recycled polyethylene terephthalate and their properties-A comprehensive review [J]. Composites Part B：Engineering, 2021, 219：108928.

[5]　Nisticò R. Polyethylene terephthalate (PET) in the packaging industry [J]. Polymer Testing, 2020, 90：106707.

[6]　Rochman C M. Microplastics research-from sink to source [J]. Science, 2018, 360 (6384)：28-29.

[7]　Huang Y, Li W, Gao J, et al. Effect of microplastics on ecosystem functioning：Microbial nitrogen removal mediated by benthic invertebrates [J]. Science of the Total Environment, 2021, 754：142133.

[8]　Xiong X, Bond T, Saboor Siddique M, et al. The stimulation of microbial activity by microplastic contributes to membrane fouling in ultrafiltration [J]. Journal of Membrane Science, 2021, 635：119477.

[9]　Raju S, Carbery M, Kuttykattil A, et al. Transport and fate of microplastics in wastewater

treatment plants: Implications to environmental health [J]. Reviews in Environmental Science and Bio/Technology, 2018, 17 (4): 637-653.

[10] Murphy F, Ewins C, Carbonnier F, et al. Wastewater treatment works (WwTW) as a source of microplastics in the aquatic environment [J]. Environmental Science & Technology, 2016, 50 (11): 5800-5808.

[11] Zhang X, Chen J, Li J. The removal of microplastics in the wastewater treatment process and their potential impact on anaerobic digestion due to pollutants association [J]. Chemosphere, 2020, 251: 126360.

[12] Zhang X, Huang Y, Li Q, et al. Research progress of new pollutant microplastics in municipal sewage treatment plants [J]. Modern Chemical Industry, 2023 (2): 17-21.

[13] Liu W, Zhang J, Liu H, et al. A review of the removal of microplastics in global wastewater treatment plants: Characteristics and mechanisms [J]. Environment International, 2021, 146: 106277.

[14] Oshiki M, Satoh H, Okabe S. Ecology and physiology of anaerobic ammonium oxidizing bacteria [J]. Environmental Microbiology, 2016, 18 (9): 2784-2796.

[15] Lam P, Kuypers M M M. Microbial nitrogen cycling processes in oxygen minimum zones [J]. Annual Review of Marine Science, 2011, 3 (1): 317-345.

[16] Devol A H. Denitrification, anammox, and N_2 production in marine sediments [J]. Annual Review of Marine Science, 2015, 7 (1): 403-423.

[17] Wang Y, Li B, Xue F, et al. Partial nitrification coupled with denitrification and anammox to treat landfill leachate in a tower biofilter reactor (TBFR) [J]. Journal of Water Process Engineering, 2021, 42: 102155.

[18] Li X, Feng Y, Zhang K, et al. Composite carrier enhanced bacterial adhesion and nitrogen removal in partial nitrification/anammox process [J]. Science of the Total Environment, 2023, 868: 161659.

[19] Atuanya E I, Udochukwu U, Dave-Omoregie A O. Bioavailability and toxicity of plastic contaminants to soil and soil bacteria [J]. Microbiology Research Journal International, 2016: 1-8.

[20] Judy J D, Williams M, Gregg A, et al. Microplastics in municipal mixed-waste organic outputs induce minimal short to long-term toxicity in key terrestrial biota [J]. Environmental Pollution, 2019, 252: 522-531.

[21] Wang Y, Ji X M, Jin R C. How anammox responds to the emerging contaminants: Status and mechanisms [J]. Journal of Environmental Management, 2021, 293: 112906.

[22] Ju T, Zhang X N, Jin D, et al. A review of microplastics on anammox: Influences and mechanisms [J]. Journal of Environmental Management, 2024, 366: 121801.

[23] van de Graaf A A, de Bruijn P, Robertson L A, et al. Autotrophic growth of anaerobic ammonium-oxidizing micro-organisms in a fluidized bed reactor [J]. Microbiology, 1996, 142 (8): 2187-2196.

[24] Hong X, Niu B, Sun H, et al. Insight into response characteristics and inhibition mechanisms of anammox granular sludge to polyethylene terephthalate microplastics exposure [J]. Bioresource Technology, 2023, 385: 129355.

[25] Qian J, Luo D, Yu P F, et al. Insights into the reaction of anammox to exogenous pyridine: Long-term performance and micro mechanisms [J]. Bioresource Technology, 2023,

384：129273.

[26] Zhang S, Zhang L, Yao H, et al. Responses of anammox process to elevated Fe(Ⅲ) stress: Reactor performance, microbial community and functional genes [J]. Journal of Hazardous Materials, 2021, 414: 125051.

[27] Kang D, Li Y, Xu D, et al. Deciphering correlation between chromaticity and activity of ana-mmox sludge [J]. Water Research, 2020, 185: 116184.

[28] Qiao S, Tian T, Zhou J T. Effects of quinoid redox mediators on the activity of anammox bi-omass [J]. Bioresource Technology, 2014, 152: 116-123.

[29] He Y Y, Liu Y R, Yan M, et al. Insights into N_2O turnovers under polyethylene tereph-thalate microplastics stress in mainstream biological nitrogen removal process [J]. Water Re-search, 2022, 224: 119037.

[30] Hong X, Niu B, Sun H, et al. Insight into response characteristics and inhibition mecha-nisms of anammox granular sludge to polyethylene terephthalate microplastics exposure [J]. Bioresource Technology, 2023, 10 (385): 129355.

[31] Hong X, Zhou X. Size effect of polyethylene terephthalate microplastics on Anammox granu-lar sludge [J]. China Environmental Science, 2023, 43 (12): 6406-6412.

[32] Hu X, Chen Y. Response mechanism of non-biodegradable polyethylene terephthalate micro-plastics and biodegradable polylactic acid microplastics to nitrogen removal in activated sludge system [J]. Science of the Total Environment, 2024, 917: 170516.

[33] Kostera J, Youngblut M D, Slosarczyk J M, et al. Kinetic and product distribution analysis of NO reductase activity in nitrosomonas europaea hydroxylamine oxidoreductase [J]. Journal of Biological Inorganic Chemistry, 2008, 13 (7): 1073-1083.

[34] van der Star W R L, van de Graaf M J, Kartal B, et al. Response of anaerobic ammonium-oxidizing bacteria to hydroxylamine [J]. Applied and Environmental Microbiology, 2008, 74 (14): 4417-4426.

[35] Caruso G, Pedà C, Cappello S, et al. Effects of microplastics on trophic parameters, abun-dance and metabolic activities of seawater and fish gut bacteria in mesocosm conditions [J]. Environmental Science and Pollution Research, 2018, 25 (30): 30067-30083.

[36] Liu J Y, Ya T, Zhang M L, et al. Responses of microbial interactions to polyvinyl chloride microplastics in anammox system [J]. Journal of Hazardous Materials, 2022, 440: 129807.

[37] Wang Y. How anammox responds to the emerging contaminants: Status and mechanisms [J]. Journal of Environmental Management, 2021, 293: 112906.

[38] Zhang S Q, Zhang L Q, Chen P, et al. Insights into the membrane fouling aggravation under polyethylene terephthalate microplastics contamination: From a biochemical point of view [J]. Journal of Cleaner Production, 2023, 424: 138905.

[39] Jachimowicz P, Jo Y J, Cydzik-Kwiatkowska A. Polyethylene microplastics increase extracel-lular polymeric substances production in aerobic granular sludge [J]. Science of the Total En-vironment, 2022, 851: 158208.

[40] Qian J, He X, Wang P. Effects of polystyrene nanoplastics on extracellular polymeric sub-stance composition of activated sludge: The role of surface functional groups [J]. Environmental Pollution, 2021, 06 (279): 116904.

[41] Jia F, Yang Q, Liu X, et al. Stratification of extracellular polymeric substances (EPS) for aggregated anammox microorganisms [J]. Environmental Science & Technology, 2017, 51

(6): 3260-3268.

[42] Wang W G, Yan Y, Zhao Y H, et al. Characterization of stratified EPS and their role in the initial adhesion of anammox consortia [J]. Water Research, 2020, 169: 115223.

[43] Zhang Y T, Wei W, Huang Q S, et al. Insights into the microbial response of anaerobic granular sludge during long-term exposure to polyethylene terephthalate microplastics [J]. Water Research, 2020, 179: 115223.

[44] Tang L Q, Su C Y, Chen Y, et al. Influence of biodegradable polybutylene succinate and non-biodegradable polyvinyl chloride microplastics on anammox sludge: Performance evaluation, suppression effect and metagenomic analysis [J]. Journal of Hazardous Materials, 2021, 401: 123337.

[45] Wei W, Zhang Y T, Huang Q S, et al. Polyethylene terephthalate microplastics affect hydrogen production from alkaline anaerobic fermentation of waste activated sludge through altering viability and activity of anaerobic microorganisms [J]. Water Research, 2019, 163: 114881.

[46] Curson A R J, Liu J, Bermejo Martínez A, et al. Dimethylsulfoniopropionate biosynthesis in marine bacteria and identification of the key gene in this process [J]. Nature Microbiology, 2017, 2 (5): 17009.

[47] Jeon S W, Conejos J R V, Lee J S, et al. D-Methionine and 2-hydroxy-4-methylthiobutanoic acid i alter beta-casein, proteins and metabolites linked in milk protein synthesis in bovine mammary epithelial cells [J]. Journal of Animal Science and Technology, Korean Society of Animal Sciences and Technology, 2022, 64 (3): 481.

[48] Martín-Venegas R, Brufau M T, Guerrero-Zamora A M, et al. The methionine precursor DL-2-hydroxy-(4-methylthio)-butanoic acid protects intestinal epithelial barrier function [J]. Food Chemistry, 2013, 141 (3): 1702-1709.

[49] Dalbach K F, Larsen M, Raun B M L, et al. Effects of supplementation with 2-hydroxy-4-(methylthio)-butanoic acid isopropyl ester on splanchnic amino acid metabolism and essential amino acid mobilization in postpartum transition Holstein cows [J]. Journal of Dairy Science, 2011, 94 (8): 3913-3927.

[50] Zhao Y C, Rahman M S, Li M M, et al. Effects of dietary supplementation with 2-hydroxy-4-(methylthio)-butanoic acid isopropyl ester as a methionine supplement on nitrogen utilization in steers [J]. Animals, 2021, 11 (11): 3311.

[51] Pilz S, Meinitzer A, Tomaschitz A, et al. Low homoarginine concentration is a novel risk factor for heart disease [J]. Heart, 2011, 97 (15): 1222-1227.

[52] Tsikas D. Homoarginine in health and disease [J]. Current Opinion in Clinical Nutrition and Metabolic Care, 2023, 26 (1): 42-49.

[53] Adams S, Che D, Qin G, et al. Novel biosynthesis, metabolism and physiological functions of L-homoarginine [J]. Current Protein and Peptide Science, 2019, 20 (2): 184-193.

[54] Hanna V S, Hafez E A A. Synopsis of arachidonic acid metabolism: A review [J]. Journal of Advanced Research, 2018, 11: 23-32.

[55] Brash Alan R. Arachidonic acid as a bioactive molecule [J]. Journal of Clinical Investigation, 2001, 107 (11): 1339-1345.

[56] Sheng G P, Yu H Q, Li X Y. Extracellular polymeric substances (EPS) of microbial aggregates in biological wastewater treatment systems: A review [J]. Biotechnology Advances,

2010, 28: 882-894.

[57] Sotnikova T D, Beaulieu J M, Espinoza S, et al. The dopamine metabolite 3-methoxytyramine is a neuromodulator [J]. PLoS ONE, 2010, 10 (5): e13452.

[58] Rich B E, Jackson J C, de Ora L O, et al. Alternative pathway for dopamine production by acetogenic gut bacteria that O-demethylate 3-methoxytyramine, a metabolite of catechol O-methyltransferase [J]. Journal of Applied Microbiology, 2022, 133 (3): 1697-1708.

[59] Enrico D C. Serine proteases [J]. IUBMB Life, 2009, 61 (5): 510-515.

6

聚丙烯和聚乳酸微塑料短期暴露下厌氧氨氧化颗粒污泥的特性及非靶向代谢组学分析

6.1 引言

经济合作与发展组织（Organization for Economic Cooperation and Development，OECD）在 2022 年发布的一份报告指出，到 2060 年，全球塑料制品产量预计达到 12 亿吨，几乎是目前水平的三倍。塑料制品的广泛使用导致了塑料垃圾的广泛分布。塑料垃圾进入环境后，会经历阳光光解、风化、人为磨损等过程，导致垃圾分解成更小的塑料颗粒。随着时间的推移，其中一些颗粒由于物理和化学作用而进一步分解，对生态系统构成严重威胁。小于 5mm 的塑料颗粒通常存在于水生环境中，并已在世界各地污水处理厂（wastewater treatment plants，WWTP）的进出水中检测到。废水中塑料颗粒的存在表明在这些处理系统中存在显著浓度的微塑料（microplastics，MPs）和纳米塑料（nanoplastics，NPs）。据报道，聚苯乙烯（PS）、聚乙烯（PE）、聚丙烯（PP）和聚乳酸（PLA）是 WWTP 中最常见的 MPs 和 NPs。Leslie 等发现，三个

WWTP 的剩余活性污泥中含有 50％～60％ 的 MPs，粒径为 10～300μm。MPs 的粒径大小显著影响 MPs 与微生物的相互作用以及底物的转运速率，从而影响生物脱氮效率。研究表明，在活性污泥中添加粒径为 150～300μm 的 PS MPs，总氮去除率与对照组相当。然而，当粒径减小到 0～75μm 时，这一比率下降到 56.18％。

厌氧氨氧化是一种新型的废水处理工艺，利用亚硝酸盐作为电子受体，在缺氧条件下将氨直接转化为氮。与硝化、反硝化等其他工艺相比，Anammox 具有脱氮效率高、节能等优势。WWTP 一级处理对 MPs 的去除率在 40.7％～91.7％之间，但二级处理中下降到 28.1％～66.7％。虽然大多数 MPs 在预处理和一级处理过程中被有效去除，但一些 MPs 在二级处理过程中仍然存在于活性污泥中。这些 MPs 产生的渗滤液会产生急性毒性，不可避免地影响生物处理的效率。研究表明，在 24 小时内暴露于 MPs 及其产生的渗滤液可能对海洋生物产生不同的影响。

MPs 广泛分布在地球的水体中。研究表明，它们对水生生物具有物理和化学毒性，它们对降解和去除的抵抗力加剧了它们的毒性。从可持续发展的角度来看，可生物降解塑料正在全球范围内逐步取代不可生物降解的 MPs。大量的 MPs 被隐藏在生物污泥中，可生物降解的塑料也积聚在污水污泥中。Li 等观察到，暴露于 0.5mg/L PS NPs 的厌氧氨氧化颗粒污泥（AnGS）中，$SAA_{NH_4^+-N}$ 减少 26.1％，$SAA_{NO_2^--N}$ 减少 19.3％。Hong 等发现，暴露于 1.0g/L 聚对苯二甲酸乙二醇酯（PET）后，Anammox 活性下降 16.2％，导致 AnGS 的强度和结构稳定性减弱。Tang 等报道，聚丁二酸丁二醇酯（polybutylene succinate，PBS）和聚氯乙烯（PVC）MPs 阻碍了 Anammox 活性污泥中亚硝酸盐氮的去除。0.1g/L PVC 处理组的去除率最高，为 19.2％，而 0.5g/L PBS 处理组的产甲烷菌相对丰度下降。目前的研究主要集中在不可生物降解的 MPs 对常规污泥的影响。然而，有很多优势的可生物降解塑料对厌氧氨氧化菌在 Anammox 系统中的影响，在很大程度上未被研究。PLA 和 PBS 等可生物降解的 MPs 正越来越多地被用作日常生活中难以降解的 MPs 的替代品，其应用范围正在扩大。Seeley 等在小型柱反应器中观察到，PLA MPs 可以在 15 天内增强砂质沉积物中的硝化和反硝化过程。因此，为了保证 Anammox 工艺的高效运行，需要进一步研究 AnAOB 在可生物降解和不可生物降解 MPs 胁迫下的行为及潜在机制。

本章研究了不同粒径（100 目和 1000 目）聚丙烯（PP）MPs 和聚乳酸

（PLA）MPs 对 Anammox 系统的短期胁迫效应。考察了 PP MPs 和 PLA MPs 对废水脱氮效率的影响，以及 AnAOB 胞外聚合物分泌特性和关键联氨脱氢酶活性。进一步比较了不同处理组间微生物群落代谢组分的变化。阐明了不同粒径 MPs 对 AnGS 影响的机理，为 Anammox 工艺的有效运行提供依据。

6.2 实验材料与方法

6.2.1 聚丙烯和聚乳酸微塑料的来源装置

本实验中使用的聚丙烯（PP）和聚乳酸（PLA）微塑料购自东莞市华创塑胶制品有限公司，作为模型微塑料（MPs）。选择了两种不同粒径的 MPs，分别为 100 目（约 $13\mu m$）和 1000 目（约 $149\mu m$）。在批次测试中，MPs 的添加浓度为 0.1%（0.1g/100mL）。

6.2.2 接种污泥和合成废水

实验中使用的 AnGS 来自长期稳定运行的实验室 Anammox 升流式厌氧污泥床反应器。主要菌种鉴定为 AnAOB 的 *Candidatus Kuenenia*，其相对丰度约为 40%。该反应器表现出 $5 \sim 20 kg/(m^3 \cdot d)$ 氮的去除能力。实验中使用的合成废水包含底物、矿物质和微量元素。NH_4Cl 和 $NaNO_2$ 用作氮源，分别提供合成废水中 80mg/L 和 100mg/L 的 NH_4^+-N 和 NO_2^--N。通过加入 HCl 和 Na_2CO_3 将溶液 pH 值维持在 7.5 ± 0.2。合成废水包括以下成分：0.025g/L KH_2PO_4、1.25g/L $KHCO_3$、0.3g/L $CaCl_2 \cdot 2H_2O$、0.2g/L $MgSO_4 \cdot 7H_2O$、0.00625g/L $FeSO_4$ 和 0.00625g/L EDTA。表 6.1 中提到的微量元素也包含在内。实验中使用的所有试剂均为分析纯。

表 6.1 微量元素溶液配方

成分	浓度/(g/L)	成分	浓度/(g/L)
EDTA	5	$Na_2MoO_4 \cdot 2H_2O$	0.22
$ZnSO_4 \cdot 7H_2O$	0.43	$NiCl_2 \cdot 6H_2O$	0.19
$CoCl_2 \cdot 6H_2O$	0.24	$Na_2SeO_4 \cdot 10H_2O$	0.21
$MnCl_2 \cdot 4H_2O$	0.99	H_3BO_4	0.014
$CuSO_4 \cdot 5H_2O$	0.25	$Na_2WO_4 \cdot 2H_2O$	0.05

6.2.3 实验装置和操作

实验装置采用厌氧反应器，有效容积为500mL，如图6.1所示。研究表明，AnAOB在 20～45℃ 温度范围内生长最佳，溶解氧（DO）水平低于0.5mg/L。为了保证实验前反应器的厌氧条件，使用高纯度氮气将DO水平降低到1.0mg/L。进水槽和反应器为密封系统，在反应器顶部装有单向出口阀，这个阀门有利于微生物产生的氮的排出，从而保持装置内的气压平衡。然后将接种污泥转移到反应器中，并将合成废水的体积调整到500mL。将反应器置于35℃的水浴中，搅拌速度设定为100r/min。用砂芯橡胶塞密封，防止空气进入，并用遮光布遮挡光线，避免任何潜在的不利影响。

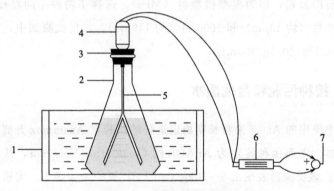

图6.1 实验装置示意图

1—水浴；2—锥形瓶；3—橡胶塞；4—小电机；5—搅拌棒；

6—速度控制器；7—电源

本研究设对照组和4个实验组：100目PLA组、1000目PLA组、100目PP组和1000目PP组。各组分别命名为对照、PLA1、PLA2、PP1和PP2。各组MPs浓度维持0.1%（0.1g/100mL）。反应水力停留时间设定为12h，每2h用注射器从每个实验组取样品，并通过0.45μm膜过滤以去除杂质。

6.2.4 分析方法

所有液体样品均通过0.45μm膜过滤进行日常分析。水质指标的测定遵循《水和废水监测分析方法（第四版）》。分析项目和测定方法见表6.2。

采用热法提取胞外聚合物。首先，污泥样品以5000r/min离心5min得到黏液型EPS（S-EPS）。其次，在丢弃上清液后，将剩余污泥用0.1mol/L PBS

重悬浮。将重悬污泥立即超声处理 5min，然后在 5000r/min 的转速下离心 10min。将上清液视为松散结合型 EPS（LB-EPS）。最后，将重悬污泥在水浴（80℃，30min）中加热，并在 10000r/min 下离心 30min，收集的上清液作为紧密结合型 EPS（TB-EPS）。

表 6.2　水样的分析项目和测定方法

分析项目	测定方法
NH_4^+-N	《水质　氨氮的测定　纳氏试剂分光光度法》(HJ 535—2009)
NO_2^--N	《水质　亚硝酸盐氮的测定　分光光度法》(GB 7493—87)
NO_3^--N	《水质　硝酸盐氮的测定　紫外分光光度法(试行)》(HJ/T 346—2007)
TN	《水质　总氮的测定　碱性过硫酸钾消解紫外分光光度法》(HJ 636—2012)
DO/pH	溶解氧测定仪/酸碱度(pH)测定仪

将 S-EPS、LB-EPS 和 TB-EPS 溶液用孔径为 $0.45\mu m$ 的醋酸纤维素膜过滤去除颗粒。蛋白质（PN）在 595nm 处采用考马斯亮蓝法测定，多糖（PS）在 625nm 处采用蒽酮-硫酸分光光度法测定。EPS 总量计算为 PN 和 PS 浓度之和。

Anammox 反应的特征是联氨脱氢酶的活性，即在 550nm 处还原细胞色素 C 的产率。在稳定运行阶段，取反应器污泥进行粗酶提取和 HDH 活性测定。酶反应体系由 20mmol/L 磷酸缓冲液、$50\mu mol/L$ 氧化细胞色素 C、$50\mu mol/L$ 联氨和 $200\mu L$ 粗酶溶液组成。实验温度为（35 ± 1）℃。

6.2.5　基于液相色谱-串联质谱法的非靶向代谢组学分析

MPs 暴露 12h 后，收集对照组和 4 个实验组的污泥样本。采用液相色谱-串联质谱法（LC-MS/MS）分析样品中的代谢物。每组取 2 个平行样品。使用 ProteoWizard（v3.0.8789）将获得的原始数据转换为 mzXML 格式。使用 R（v3.1.3）的 XCMS 数据包进行峰识别、过滤和对齐。获得的数据矩阵包括质荷比（m/z）、保留时间和峰面积（强度），允许在正离子和负离子模式下对前体分子进行后续分析。生物标志物的定义基于学生 t 检验的 p 值和差异倍数值（fold change，FC）。筛选 $\log_2 FC > 1$ 和 p 值 < 0.05 的不同代谢物（生物标志物）。然后使用京都基因与基因组百科全书数据库进行过表达分析（ORA）富集分析和拓扑分析以匹配代谢途径。原始测序数据已存入 MTBLS9943 下的 MetaboLights 数据库。

6.3　聚丙烯和聚乳酸微塑料对脱氮性能的影响

暴露于不同粒径（100 目和 1000 目）的聚乳酸（PLA）MPs 和聚丙烯（PP）MPs 下的 AnGS 脱氮性能如图 6.2 所示。实验结果表明，在不同 MPs 浓度下，PP MPs 对 Anammox 反应有抑制作用，而 PLA MPs 对 Anammox 反应有促进作用。对照组 12h 后氨氮和亚硝酸盐氮浓度分别下降 85.94％和 88.74％，化学计量比 R_s（$R_s = \Delta NO_2^- \text{-} N / \Delta NH_4^+ \text{-} N$）接近理论值，表明 Anammox 反应在污泥中占主导地位。值得注意的是，从第 4h 开始，与对照组相比，PLA MPs 组的氨氮和亚硝酸盐氮浓度下降幅度更大，导致总氮去除效率在 12h 内从 77.74％增加到 85.74％和 83.16％。可生物降解的 MPs 可作为微生物的有机底物，促进氧气消耗，并创造一个促进 Anammox 过程的低氧环境。

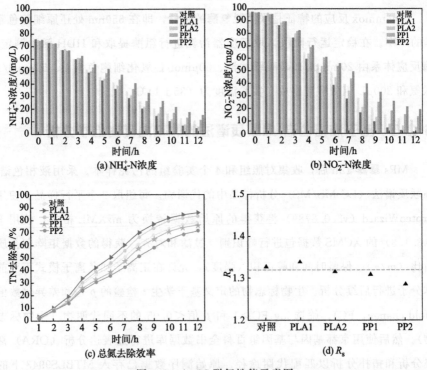

图 6.2　AnGS 脱氮性能示意图

在 PP MPs 组中，不同粒径的 PP MPs 在前 2h 的脱氮率变化趋势相似，但从第 2h 开始，PP2 表现出比 PP1 更强的抑制作用，粒径的减小增强了抑制作用。R_s 略低于对照组。12h 时，对照组总氮去除率 77.74%，100 目 PP MPs 去除率 75.78%，1000 目 PP MPs 去除率 71.04%。

研究表明，水中粒径较小的 MPs 的降解可显著提高水的 pH 值或对周围细胞构成生态毒性风险。环境变化影响反硝化和 Anammox，微生物活动导致细胞结构破坏并减少氮消耗。较大粒径的 MPs 可能会改变 AnGS 的物理化学性质和内部结构，导致 AnAOB 的传质速率和繁殖加快，最终增强 AnAOB 的代谢活性。这些结果表明，MPs 粒度可能是影响 Anammox 的关键因素。

6.4 聚丙烯和聚乳酸微塑料对联氨脱氢酶活性的影响

厌氧氨氧化过程涉及几种将氨转化为氮的关键酶。其中联氨脱氢酶（HDH）负责从 N_2H_4 中去除氢并将其氧化为氮。因此，HDH 活性可以用来表征 AnAOB 的反应性能。在 HDH 反应中，使用的底物是 N_2H_4 和铁细胞色素 C。为了确定酶的活性，提供合适的条件来模拟 HDH 的反应环境。由于提取的粗酶液蛋白质（PN）浓度不同，将实验测得的吸光度用 PN 浓度归一化，表示酶活性体系的反应。实验酶活性的结果如图 6.3（a）所示。

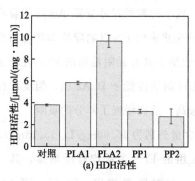
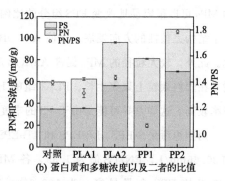

图 6.3　实验结果示意图

实验表明，PP MPs 组的酶反应速率需要更长的时间才能稳定，表明 HDH 活性受到抑制。100 目和 1000 目实验组的酶活性水平分别下降了 13.66% 和 28.87%。值得注意的是，PLA MPs 组的 HDH 活性显著增强。研究表明，酶活性的增加可以抵消有毒 NO_2 的积累，为 AnAOB 提供 NO，减轻能量抑制，提高 AnAOB 的反应性。因此，酶活性结果与反应器的脱氮性能一致。此外，在相同的 MPs 胁迫下，粒径较小的 MPs 对酶活性的影响更为明显，这可能是由于较小的 MPs 与细菌之间的接触率较高。

6.5 聚丙烯和聚乳酸微塑料对胞外聚合物的影响

由于 AnAOB 的产生周期延长，这些细菌倾向于聚集并附着在生物膜上，形成颗粒。微生物依靠 EPS 来促进絮凝体、聚集体和生物膜的形成。这些聚合物被称为胞外聚合物（EPS），主要由蛋白质（PN）和多糖（PS）组成。EPS 又可分为黏液型 EPS（S-EPS）、松散结合型 EPS（LB-EPS）和紧密结合型 EPS（TB-EPS）。

AnAOB 群落的松散程度可以通过 PN/PS 来确定。以往的研究表明，PN/PS 值越小，AnGS 的稳定性和沉降性能越好。这有助于防止在不利的环境条件下过量产生细胞外 PN，可能导致颗粒解体。本研究结果表明，与对照组相比，粒径为 100 目的两种 MPs 具有更小的 PN/PS 值，从而具有更好的污泥沉降性能。然而，在 1000 目组中观察到相反的趋势。此外，对实验对象在污泥形态方面的观察可知，100 目组污泥颗粒的完整性优于 1000 目组，这表明较小粒径的 MPs 可以很容易地改变 EPS 组分的比例。较小的颗粒尺寸导致 AnGS 朝着不利于结构完整性的方向发展，促使 AnAOB 产生更多的 PN 以响应外部环境的变化。此外，较大粒径的 MPs 促进 AnAOB 产生更多具有黏附性能的 PS，有利于附着在塑料颗粒上聚集生长。PLA1 组的 HDH 酶活性低于 PLA2 组，但反硝化速率较高。这些差异可能是由于 PS 的丰度较高，从而增强了养分的吸附。

对照组污泥 S-EPS、LB-EPS 和 TB-EPS 含量分别为 15.90mg/L、13.18mg/L 和 30.66mg/L，PN/PS 值为 1.39。各 MPs 组的 EPS 含量均有所增加，其中 PP2 组的 EPS 含量最高，为 108.95mg/L。与对照组相比，PLA1、PLA2、PP1 和 PP2 组分别增加了 1.05 倍、1.61 倍、1.36 倍和 1.82 倍。EPS 含量的增加表明 MPs 的存在对 AnGS 造成了环境胁迫。因此，AnAOB 在细胞外自主分泌 EPS 以扩大保护层的厚度，从而减缓 MPs 的扩散及对细菌活性的影响。EPS 具有聚集 AnAOB 和提高废水脱氮效率的作用。研究结果表明，LB-EPS

和 TB-EPS 是 AnGS 中 EPS 的主要成分。先前的研究表明，TB-EPS 中的高分子量成分类似于蛋白质样物质，并含有大量芳香族化合物，活性的抑制可能与芳香族物质的毒性有关。

6.6　聚丙烯和聚乳酸微塑料对功能代谢的影响

为了更好地了解 MPs 对 AnAOB 联合体代谢过程和机制的影响，对包括对照组在内的 9 个污泥样本进行了代谢组学分析。对不同粒径的污泥样品进行 MPs 胁迫处理 12h。LC-MS/MS 共检测 678 种代谢物，其中 233 种在负离子模式下检测到，445 种在正离子模式下检测到。与对照组相比，实验组在这些代谢物中显示出更高的有机酸存在。采用标准化方法对代谢物含量进行校正，采用 FC 检验和学生 t 检验共鉴定出 177 种差异代谢物。这些差异代谢物符合 p 值＜0.05 和 $\log_2$FC＞1.0 的标准。差异分析揭示了这些差异代谢物在 MPs 胁迫下的变化，如表 6.3 所示。

表 6.3　差异代谢物的变化

样品比较	总数	增加的	减少的
对照和 PP1	8	UR-144 N-庚基类似物、L-麦角硫因、(2S)-4-氧代-2-苯基-3,4-二氢-2H-铬-7-基-β-D-吡喃葡萄糖苷、前列腺素 J2	N-乳酰苯丙氨酸、4-吗啉丙磺酸、2-羟基肉桂酸、[4-甲基-2-(3-吡啶基亚氨基)-1,3-噻唑烷-4-基]甲醇
对照和 PP2	9	溶血磷脂酰胆碱(LPC)20:4、棕榈酰乙醇酰胺、磷脂酰胆碱(PC)(14:0 缩醛磷脂/5:0)、磷脂酰胆碱(PC)(14:1 缩醛磷脂/4:0)、溶血磷脂酰胆碱 18:5、溶血磷脂酰乙醇胺 18:5	N-乳酰苯丙氨酸、多核苷酸激酶(polynucleotide kinase, PNK)、芥酸
对照和 PLA1	13	3-(4-氯苯氨基)-2-[(4-氯苯基)磺酰基]丙烯腈、亚硝基环庚亚胺、对苯二甲酸、丁酰芬太尼-D5、对羟基苯甲醛、邻苯二甲酸单丁酯、(5E)-7-亚甲基-10-氧代-4-(异丙基)十一碳-5-烯酸、全顺式 4,7,10,13,16-二十二碳五烯酸	N-P-香豆酰亚精胺、2-羟基-4-甲硫基丁酸、尿酸、γ-谷氨酰-亮氨酸
对照和 PLA2	9	高精氨酸、N-(2-氰乙基)-N'-(2,6-二甲基苯基)-N-异丙基硫脲、斑蝥素、N1-[4-(2-噻吩基硫代)苯基]-4-氯苯甲酰胺	4-吗啉丙磺酸、L-组氨酸、N-乳酰苯丙氨酸、尿刊酸、溶血磷脂酰胆碱(LPC)11:0

在负离子模式下，检测到 PLA 组中苯甲酸衍生物 $N1$-[4-(2-噻吩基硫代)苯基]-4-氯苯甲酰胺的表达上调了 4.8 倍。增塑剂的生产以噻吩和苯甲酸的聚合物为原料。这些物质仅在 PLA 组中发现，表明添加到 PLA 中的增塑剂在 PLA MPs 进入污泥时更容易沉淀。据推测，$N1$-[4-(2-噻吩基硫代)苯基]-4-氯苯甲酰胺是塑料制造商添加的增塑剂的一种代谢产物，可被微生物降解。此外，相关物质在 PLA2 组中的含量更高。

图 6.4 显示，这些差异代谢物在代谢途径中显著富集，满足 t 检验（p 值 $<$ 0.05）和倍数变化（$\log_2 FC > 1.0$）条件。为了确定在这些代谢物中显著富集的 KEGG 通路并评估其拓扑影响，进行了过表达分析（ORA）。图中蓝色区域表示在 ORA 中发现显著的代谢途径（$p < 0.05$），纵坐标表示其在拓扑分析中的影响。分析表明，丙酮酸代谢、组氨酸代谢、核苷酸代谢、嘧啶代谢、氨基苯甲酸酯降解、辅因子的生物合成和柠檬酸循环是 MPs 暴露下 Anammox 过程的关键代谢途径。

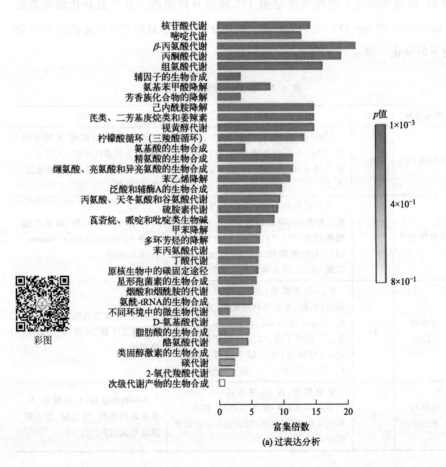

(a) 过表达分析

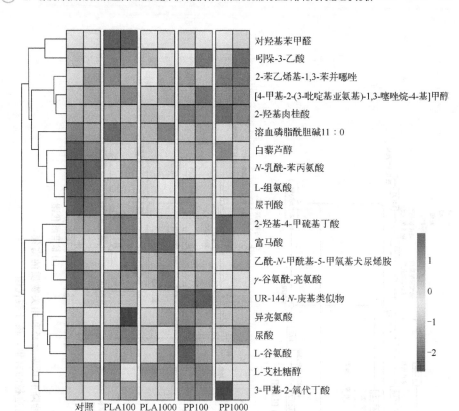

(b) 热图聚类

图 6.4　过表达分析和前 20 名代谢物热图聚类

该研究确定了 PLA 组中的三种主要差异代谢物：4-羟基苯甲醛、对苯二甲酸酯和苯甲酰胺。这些代谢物在氨基苯甲酸酯降解途径中富集。值得注意的是，这种富集仅在 PLA 组中观察到（图 6.5）。苯甲酸具有高亲脂性，这有助于其穿透细胞膜的磷脂双层并破坏膜的通透性。这种破坏抑制了细菌对氨基酸和其他必需物质的摄取。苯甲酸相关代谢物的显著富集表明，两种粒径的 PLA MPs 均可被 AnAOB 分解代谢。此外，丙酮酸氧化和柠檬酸循环表达的上调表明，当暴露于环境胁迫时，微生物倾向于产生更多自我维持的中间产物。富马酸盐是柠檬酸循环中至关重要的中间体，在 PLA2 组的丙酮酸代谢和碳代谢途径中发现其大量富集。这种富集表明细菌代谢的能量需求增加，表明短期暴露于 1000 目 PLA MPs 可以刺激生物量增长并增强生物活性。

细胞内糖原转化为丙酮酸后，经历氧化脱羧作用形成乙酰辅酶 A，后者在细胞代谢中起着关键作用，并参与多种代谢过程，包括三羧酸循环。电子传递链利用三羧酸循环产生的烟酰胺腺嘌呤二核苷酸为硝酸盐还原酶和形成氨的亚

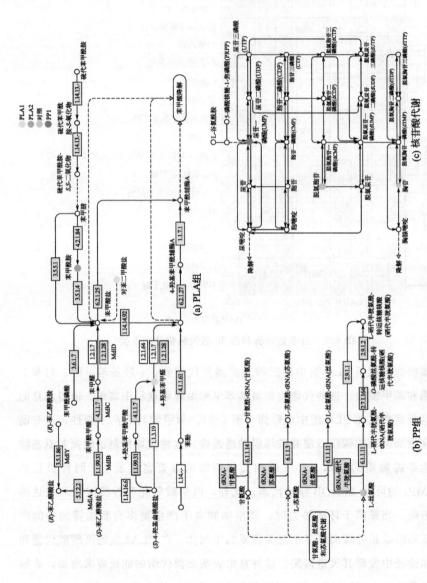

图 6.5　PLA 组中氨基苯甲酸酯降解代谢途径和相关物质的富集，
PP 组中 L-丝氨酸代谢途径的富集

硝酸盐还原酶提供电子。随着细胞内糖原的分解合成，AnAOB 的反硝化性能逐渐提高。PP1 组中 N-甲酰基-肉碱和 3-甲基-2-氧代丁酸的上调影响了乙酰辅酶 A 生物合成和烟酰胺代谢途径。烟酸和烟酰胺代谢是能量代谢途径的一部分。在每个生活史阶段，分配给其中一个阶段的能量增加不可避免地导致其他阶段的减少。实验表明，PP MPs 可以直接影响乙酰辅酶 A 的生物合成，并间接调节其他代谢途径。改变能量分配和对代谢物利用的偏好是微生物适应不利环境胁迫的有效机制。

PP2 组 L-丝氨酸含量的降低影响了多种途径，包括甘氨酸、丝氨酸和苏氨酸的生物合成及碳代谢和甘油磷脂代谢。甘油磷脂是细胞膜必不可少的成分，在蛋白质识别和信号传导中起着至关重要的作用。无氧染色体是 AnAOB 中一种独特的亚细胞结构，占细胞体积的很大一部分（40%～70%）。厌氧氨氧化体膜含有丙烯烷脂质，这是在所有 AnAOB 中发现的特殊磷脂。目前假设梯烷脂质的功能是限制质子和自由基从厌氧氨氧化体扩散，从而减缓 Anammox 反应。此外，它们可能作为屏障阻止有毒中间体的泄漏，从而保护细菌细胞免受其有害影响。由于 PP MPs 的加入，L-丝氨酸下调导致甘油磷脂代谢途径的抑制和细胞膜功能的损害。因此，这对 AnAOB 的生长和聚集产生了负面影响。

6.7 本章小结

本研究旨在探讨 AnAOB 短期暴露于两种不同粒径 PP MPs 和 PLA MPs 的反应。结果表明，AnGS 短期暴露于 PP MPs 抑制了系统的脱氮效率，而可生物降解的 PLA MPs 显著增强了厌氧氨氧化过程。与 100 目 MPs 相比，1000 目 MPs 抑制 HDH 酶活性和促进 EPS 分泌的作用更为明显，说明粒径较小的 MPs 对微生物关键酶和细胞结构的影响更大。PLA 组在增塑剂的细菌降解过程中有更高的异源代谢物产量。污泥短期暴露于 PLA 中会刺激细菌富马酸的富集，从而影响丙氨酸、天冬氨酸、谷氨酸和精氨酸等氨基酸的生物合成。这种刺激促进了一系列碳代谢途径，从而增强了 AnAOB 的氮代谢能力。研究短期 MPs 应激对 Anammox 过程的长期影响是有价值的，然而，要更深入地了解其与微生物代谢和遗传学相关的内在反应，还需要通过长期应激实验进一步验证。

◆ 参考文献 ◆

[1] Yu Y，Zhao Y J，Dong Z Q. Research progress of treatment technologies for removal of microplastics from water bodies in WTPs and WWTPs [J]. Water Purification Technology，2023，42 (6)：45-56.

[2] Gkika D A，Tolkou A K，Evgenidou E，et al. Fate and removal of microplastics from industrial wastewaters [J]. Sustainability，2023，15 (8)：6969.

[3] Lu J，Dong Z H，Zhou J Q，et al. Biodegradable microplastics in municipal wastewater and sludge treatment processes：a review on occurrence, fate, and effects [J]. ACS ES&T Water，2023，4 (1)：8-19.

[4] Leslie H A，Brandsma S H，Van Velzen M J M，et al. Microplastics en route：Field measurements in the Dutch river delta and Amsterdam canals，wastewater treatment plants，North Sea sediments and biota [J]. Environment International，2017，101：133-142.

[5] Sun X，Chen B，Li Q，et al. Toxicities of polystyrene nano-and microplastics toward marine bacterium Halomonas alkaliphila [J]. Science of the Total Environment，2018，642：1378-1385.

[6] Ngo P L，Pramanik B K，Shah K，et al. Pathway，classification and removal efficiency of microplastics in wastewater treatment plants [J]. Environmental Pollution，2019，255：113326.

[7] e Silva P P G，Nobre C R，Resaffe P，et al. Leachate from microplastics impairs larval development in brown mussels [J]. Water Research，2016，106：364-370.

[8] Wang H，Liu H，Zhang Y，et al. The toxicity of microplastics and their leachates to embryonic development of the sea cucumber Apostichopus japonicus [J]. Marine Environmental Research，2023，190：106114.

[9] Li H，Xu S，Fu L，et al. Revealing the effects of acute exposure of polystyrene nanoplastics on the performance of Anammox granular sludge [J]. Journal of Water Process Engineering，2022，50：103241.

[10] Hong X，Niu B，Sun H，et al. Insight into response characteristics and inhibition mechanisms of anammox granular sludge to polyethylene terephthalate microplastics exposure [J]. Bioresource Technology，2023，385：129355.

[11] Tang L，Su C，Chen Y，et al. Influence of biodegradable polybutylene succinate and non-biodegradable polyvinyl chloride microplastics on anammox sludge：Performance evaluation，suppression effect and metagenomic analysis [J]. Journal of Hazardous Materials，2021，401：123337.

[12] Gong W，Jiang M，Han P，et al. Comparative analysis on the sorption kinetics and isotherms of fipronil on nondegradable and biodegradable microplastics [J]. Environmental Pollution，2019，254：112927.

[13] Seeley M E，Song B，Passie R，et al. Microplastics affect sedimentary microbial communities and nitrogen cycling [J]. Nature Communications，2020，11 (1)：2372.

[14] Parde D，Behera M，Dash R R，et al. A review on anammox processes：Strategies for en-

hancing bacterial growth and performance in wastewater treatment [J]. International Biodeterioration & Biodegradation, 2024, 191: 105812.

[15] Hong X, Niu B, Sun H, et al. Insight into response characteristics and inhibition mechanisms of anammox granular sludge to polyethylene terephthalate microplastics exposure [J]. Bioresource Technology, 2023, 385: 129355.

[16] Qian J, Luo D, Yu P, et al. Insights into the reaction of anammox to exogenous pyridine: Long-term performance and micro mechanisms [J]. Bioresource Technology, 2023, 384: 129273.

[17] Lu P, Yan Z H, Lu G H. Influence of microplastics on nitrogen cycle in different environments [J]. Research of Environmental Sciences, 2021, 34 (11): 2563-2570.

[18] Auta H S, Emenike C U, Jayanthi B, et al. Growth kinetics and biodeterioration of polypropylene microplastics by *Bacillus* sp. and *Rhodococcus* sp. isolated from mangrove sediment [J]. Marine Pollution Bulletin, 2018, 127: 15-21.

[19] Hong X, Niu B, Sun H, et al. Insight into response characteristics and inhibition mechanisms of anammox granular sludge to polyethylene terephthalate microplastics exposure [J]. Bioresource Technology, 2023, 385: 129355.

[20] Ferousi C, Schmitz R A, Maalcke W J, et al. Characterization of a nitrite-reducing octaheme hydroxylamine oxidoreductase that lacks the tyrosine cross-link [J]. Journal of Biological Chemistry, 2021, 296: 100476.

[21] Zhang B, Wang J, Feng S, et al. The roles of different Fe-based materials in alleviating the stress of Cr(Ⅵ) on anammox activity: performance and mechanism [J]. Chemical Engineering Journal, 2023, 475: 145739.

[22] Xiang T, Liang H, Gao D. Effect of exogenous hydrazine on metabolic process of anammox bacteria [J]. Journal of Environmental Management, 2022, 317: 115398.

[23] Liu Y, Guo J, Lian J, et al. Effects of extracellular polymeric substances (EPS) and N-acyl-L-homoserine lactones (AHLs) on the activity of anammox biomass [J]. International Biodeterioration & Biodegradation, 2018, 129: 141-147.

[24] Qadeer A, Anis M, Warner G R, et al. Global environmental and toxicological data of emerging plasticizers: current knowledge, regrettable substitution dilemma, green solution and future perspectives [J]. Green Chemistry, 2024, 26 (10): 5635-5683.

[25] Satavalekar S D, Mhaske S T. Thiophene diester amine as a novel solid plasticizer for poly (vinyl chloride) [J]. Materials Today: Proceedings, 2018, 5 (8): 16526-16538.

[26] Satavalekar S D, Savvashe P B, Mhaske S T. Triester-amide based on thiophene and ricinoleic acid as an innovative primary plasticizer for poly (vinyl chloride) [J]. RSC Advances, 2016, 6 (116): 115101-115112.

[27] Zhang X Y, Gai Z H, Tai C, et al. Advances in benzoic acid degradation by microorganism [J]. Microbiology/Weishengwuxue Tongbao, 2012, 39 (12): 1808-1816.

[28] Huo T, Zhao Y, Tang X, et al. Metabolic acclimation of anammox consortia to decreased temperature [J]. Environment International, 2020, 143: 105915.

[29] Kartal B, Maalcke W J, de Almeida N M, et al. Molecular mechanism of anaerobic ammonium oxidation [J]. Nature, 2011, 479 (7371): 127-130.

[30] Oshiki M, Shimokawa M, Fujii N, et al. Physiological characteristics of the anaerobic ammonium-oxidizing bacterium 'Candidatus Brocadia sinica' [J]. Microbiology, 2011, 157

(6)：1706-1713.

［31］ Neumann S，Wessels H J C T，Rijpstra W I C，et al. Isolation and characterization of a prokaryotic cell organelle from the anammox bacterium *Kuenenia stuttgartiensis* [J]. Molecular Microbiology，2014，94 (4)：794-802.

［32］ Sinninghe Damsté J S，Strous M，Rijpstra W I C，et al. Linearly concatenated cyclobutane lipids form a dense bacterial membrane [J]. Nature，2002，419 (6908)：708-712.

［33］ Peng M W，Guan Y，Liu J H，et al. Quantitative three-dimensional nondestructive imaging of whole anaerobic ammonium-oxidizing bacteria [J]. Synchrotron Radiation，2020，27 (3)：753-761.

［34］ Kouba V，Hůrková K，Navrátilová K，et al. On anammox activity at low temperature：effect of ladderane composition and process conditions [J]. Chemical Engineering Journal，2022，445：136712.

［35］ Wang Y，Yan P，Chen Y. Research advances in ladderane lipids of anammox bacteria [J]. China Environmental Science，2023，43 (09)：4886-4895.

7

厌氧氨氧化颗粒污泥对磺胺甲噁唑与聚对苯二甲酸乙二醇酯微塑料的胁迫响应机制研究

7.1 引言

　　污水处理厂是微塑料（MPs）的重要汇集节点，同时也是调控其迁移转化过程的关键场所。MPs通过污水处理装置输送，与污水中的其他污染物和污泥中的微生物相互作用，从而影响处理系统的整体效率。MPs通过影响胞外聚合物的结构成分抑制厌氧氨氧化菌聚集。研究人员发现，纳米级塑料主要通过破坏细胞和阻塞物质交换通道来抑制厌氧氨氧化过程。然而，废水中存在的MPs粒径主要在200~2000μm之间，并且Anammox污泥与微尺度颗粒的相互作用和与纳米尺度颗粒的相互作用相比具有明显的特征。聚对苯二甲酸乙二醇酯（PET）是广泛使用的合成塑料，占全球塑料产量的18%左右。因其分子结构中具有稳定的酯键与高结晶度，PET在自然环境中需历经数百年才能完全降解，污水处理厂进水及污泥中检出率可达到50%，是水厂中最高的MPs类型。

磺胺类抗生素作为广泛使用的抗生素，其环境残留问题日益突出。磺胺甲噁唑（sulfamethoxazole，SMX）是一种常见的磺胺类药物，具有广谱、有效的抗菌特性，被广泛应用于人类健康和畜牧业。大部分 SMX 与粪便一起排出，随后被输送到废水处理设施。传统污水处理工艺对 SMX 的去除效能有限，叠加 SMX 半衰期较长的双重因素，导致出水含量维持在较高水平（7.35μg/L～11.58mg/L）。这类化合物不仅直接抑制微生物代谢，还可通过诱导抗性基因 *sul*1、*sul*2 的传播破坏微生物群落平衡。在 Anammox 系统中，磺胺类抗生素通过干扰细胞色素 C 的生物合成途径，降低联氨脱氢酶和联氨氧化酶等关键酶活性，从而削弱系统脱氮能力。

本章通过设置梯度浓度实验，系统研究单一污染物胁迫下厌氧氨氧化颗粒污泥的响应机制。通过监测氨氮和亚硝酸盐氮去除率及污泥比厌氧氨氧化活性，分析脱氮性能衰减与污染物浓度的剂量-效应关系；结合扫描电子显微镜表征污泥表面形貌损伤；利用三维荧光光谱（three dimensional fluorescence spectrum，3D-EEM）与傅里叶变换红外光谱解析 EPS 中蛋白质（PN）和多糖（PS）组分的比值变化及 C=O、—NH$_2$ 等官能团的响应特征，初步探究污染物对颗粒污泥影响的机理。从"物理结构-化学组成"多维度阐明 SMX 与 PET MPs 对 AnGS 的独立毒性路径，为后续复合污染效应研究奠定理论基础。

7.2 实验材料与方法

7.2.1 实验装置与方案

实验所用的 AnGS 均取自实验室长期稳定运行的升流式厌氧污泥床厌氧氨氧化反应器，反应器基质氮浓度（包含 NH$_4^+$-N 和 NO$_2^-$-N）为 440mg/L，总氮负荷为 5.2kg/(m³·d)，污泥中优势菌属为 *Candidatus Kuenenia*。

本批次实验采用相同规格的厌氧血清瓶作为 Anammox 反应器，其有效容积为 250mL，各组初始 NH$_4^+$-N 和 NO$_2^-$-N 浓度分别为 100mg/L 和 120mg/L，pH 设为 7.0±0.2，以 10g 湿重 AnGS 接种于 200mL 模拟污水中进行反应。反应前模拟污水用纯氮气氮吹 10min 去除溶解氧，血清瓶装有密封塞以确保无氧环境。接种污泥的血清瓶放入 35℃的恒温摇床中进行避光反应。每个反应周期为 5h，培养 14d，反应器运行过程中进水 NH$_4^+$-N 和 NO$_2^-$-N 浓度保持不变，定期取样进行后续理化、生物指标分析。共设置两组反应器，分别为 PET MPs 组和 SMX 组，每组内设置三个平行样。具体设置浓度及命名见表 7.1。

表 7.1 PET MPs 和 SMX 暴露实验组设计及浓度梯度

批次	组别	胁迫物质浓度	命名
第一批	1-1	无(对照)	Con1
	1-2	0.1g/L PET MPs	P1
	1-3	0.25g/L PET MPs	P2
	1-4	0.5g/L PET MPs	P3
	1-5	1g/L PET MPs	P4
第二批	2-1	无(对照)	Con2
	2-2	0.5mg/L SMX	SMX1
	2-3	5mg/L SMX	SMX2
	2-4	50mg/L SMX	SMX3
	2-5	100mg/L SMX	SMX4
	2-6	200mg/L SMX	SMX5

实验所用的模拟污水由底物、矿物元素和微量元素组成。以 NH_4Cl 和 $NaNO_2$ 为氮源，为模拟污水提供 NH_4^+-N 和 NO_2^--N，浓度分别为 100mg/L 和 120mg/L。通过添加 Na_2CO_3 将溶液的 pH 维持在 7.0 ± 0.2。模拟污水的成分为：0.025g/L KH_2PO_4、1.25g/L $KHCO_3$、0.2g/L $CaCl_2 \cdot 2H_2O$、0.2g/L $MgSO_4 \cdot 7H_2O$、0.005g/L $FeSO_4$ 和 0.005g/L EDTA-2Na。还包括表 7.2 中提到的微量元素，以 1 mL/L 模拟污水比例加入。实验中使用的所有试剂均为分析纯。

表 7.2 模拟污水中的微量元素

物质	浓度/(g/L)	物质	浓度/(g/L)
EDTA-2Na	5	$Na_2MoO_4 \cdot 2H_2O$	0.22
$ZnSO_4 \cdot 7H_2O$	0.43	$NiCl_2 \cdot 6H_2O$	0.19
$CoCl_2 \cdot 6H_2O$	0.24	$CuSO_4 \cdot 5H_2O$	0.25
$MnCl_2 \cdot 4H_2O$	0.99	H_3BO_4	0.014

本实验使用的 PET MPs 均购自东莞市华创塑胶制品有限公司，SMX 购自上海易恩化学技术有限公司。SMX 溶液的配制：SMX 微溶于水，溶于稀酸溶液或稀碱溶液，将 SMX 加入水中，搅拌下缓慢加入 0.4% NaOH，监测 pH

直至溶解（pH＝8～10），避免过碱破坏 SMX 结构，必要时可加热，温度不宜超过 60℃，4℃避光保存。

7.2.2 分析检测指标及方法

7.2.2.1 常规水质检测指标

本实验中水质指标测定参照《水和废水监测分析方法（第四版）》。具体分析项目及测定方法见表 7.3。

表 7.3 常规检测指标及其测定方法

检测指标	检测方法
氨氮	纳氏试剂分光光度法
亚硝酸盐氮	N-(1-萘基)-乙二胺分光光度法
溶解氧	便携式溶解氧测定仪
pH	便携式 pH 计

实验中氮负荷（NLR）、氮去除负荷（NRR）、氮去除效率（NRE）按下列公式计算：

$$NLR = \frac{24C_{TNinf}}{1000HRT} \tag{7.1}$$

$$NRR = \frac{24(C_{TNinf} - C_{TNeff})}{1000HRT} \tag{7.2}$$

$$NRE = \frac{C_{TNinf} - C_{TNeff}}{C_{TNinf}} \times 100\% \tag{7.3}$$

式中，NLR 表示氮负荷，$kg/(m^3 \cdot d)$；NRR 表示氮去除负荷，$kg/(m^3 \cdot d)$；NRE 表示氮去除效率，%；C_{TNinf} 表示进水总氮浓度，mg/L；C_{TNeff} 表示出水总氮浓度，mg/L；HRT 表示水力停留时间，d。

7.2.2.2 比厌氧氨氧化活性测定

对 AnGS 进行分批培养测定比厌氧氨氧化活性。称取每个反应器 5.0g 湿重的污泥，加入 100mL 的模拟污水，在 100mL 的厌氧血清瓶中进行反应，其中氨氮和亚硝酸盐氮的浓度分别为 100mg/L、120mg/L。反应前对每个反应器充氮 10min 确保无氧环境，反应器避光在恒温摇床内以 35℃、130r/min 培养。每隔 1h 用一次性针管注射器采集反应器内水样进行氮浓度分析，直至亚硝酸盐氮耗尽。以取样时间（h）和出水氮浓度（mg/L）作关系曲线图，根据式

（7.4）、式（7.5）计算，单位为 mg/(g·d)。

$$SAA_{NH_4^+} = \frac{C_{NH_4^+,inf} - C_{NH_4^+,eff}}{MLVSS \times \dfrac{T}{24}} \tag{7.4}$$

$$SAA_{NO_2^-} = \frac{C_{NO_2^-,inf} - C_{NO_2^-,eff}}{MLVSS \times \dfrac{T}{24}} \tag{7.5}$$

式中，$SAA_{NH_4^+}$ 表示氨氮的比厌氧氨氧化活性；$SAA_{NO_2^-}$ 表示亚硝酸盐氮的比厌氧氨氧化活性；$C_{NH_4^+,inf}$ 和 $C_{NO_2^-,inf}$ 表示氨氮和亚硝酸盐氮的进水浓度，mg/L；$C_{NH_4^+,eff}$ 和 $C_{NO_2^-,eff}$ 表示氨氮和亚硝酸盐氮的出水浓度，mg/L；MLVSS 表示生物污泥浓度，g/L；T 表示时间，d。

污染物暴露下 SAA 的影响以相对厌氧氨氧化活性（RAA）表示，根据式（7.6）计算。

$$RAA = \frac{SAA_i}{SAA_0} \times 100\% \tag{7.6}$$

式中，SAA_i 表示各实验组的 SAA 值；SAA_0 表示对照组的 SAA 值。

7.2.2.3 扫描电子显微镜表征

对反应结束后的 AnGS 进行 SEM 检测。

选取反应器中粒径小且均一的颗粒污泥转移至离心管中，按照以下步骤进行预处理。①清洗：用去离子水重复清洗颗粒污泥 3 次，弃去上清液，随后用磷酸盐缓冲液（pH＝7.0）冲洗 3 次去除污泥表面残留杂质。②固定：加入 2.5％的戊二醛溶液，完全浸没样品后于 4℃冰箱静置固定 4～12h，固定结束后用磷酸盐缓冲液冲洗 3 次去除固定剂。③梯度脱水：依次采用浓度 50％、70％、80％、90％的无水乙醇进行梯度脱水，每级浸泡 10～15min，随后用浓度 100％无水乙醇脱水 3 次，每次 10～15min。④置换处理：用无水乙醇-乙酸异戊酯（1∶1，体积比）混合溶液、100％乙酸异戊酯进行置换处理，每次 10～15min，以降低样品的表面张力，避免临界点干燥过程中的结构损伤。⑤冷冻干燥：将样本用液氮速冻或者置于−80℃超低温冰箱中冷冻 4～24h（视样本体积和含水量调整），由于无水乙醇的凝固点在−114℃，上一步中需要确保置换去除无水乙醇以确保样本的凝固需求，最后将样本迅速移入预冷至−50℃的真空冷冻干燥机中，启动真空泵（真空度＜10Pa），干燥 24～48h。

SEM 观察：将制好的样本固定在导电样品台上，用金薄层溅射仪镀膜，其参数根据样本特性与检测目标优化，最后使用 SEM 观察样本。

7.2.2.4　生物量测定

MLVSS 表示混合液中挥发性悬浮固体的总量，主要为有机物，通过高温灼烧去除有机物后计算差值。

实验步骤：①烘干，提前将滤膜在 105℃烘箱中干燥 2h，取出在干燥器中冷却至室温，称量至恒重，记为 m_0；②过滤，使用干燥后的滤膜，将污泥抽滤至滤膜表面无游离水分；③洗涤，用去离子水冲洗滤膜及样品 3 次，彻底去除溶解性无机盐；④烘干，105℃烘箱干燥 3h，确保颗粒内部水分完全蒸发，取出在干燥器中冷却至室温，称量至恒重，记为 m_1；⑤高温灼烧，将马弗炉设置为 600℃，灼烧 1h 后取出在干燥器中冷却至室温，称量至恒重，记为 m_2。用式（7.7）计算样本的 MLVSS。

$$MLVSS = \frac{m_1 - m_0 - m_2}{V} \tag{7.7}$$

式中，V 表示取样污泥的体积，L。

7.2.2.5　胞外聚合物的提取与测定

松散结合型胞外聚合物（LB-EPS）和紧密结合型胞外聚合物（TB-EPS）的提取采用热提取法进行，提取步骤如下：

① 取处理后的 AnGS，用 0.05% NaCl 溶液离心（3000r/min，5min，4℃）去除残留底物及游离杂质。

② 预处理后的颗粒污泥悬浮液用加热至 70℃ 0.05% NaCl 溶液定容至确定体积，将颗粒污泥轻轻研磨，旋涡振荡（1500r/min，1min）或低速超声破碎（功率 50W，冰浴，10s 脉冲 3 次），使颗粒松散但保持细胞完整。4℃、6000r/min 离心 10min。收集上清液，用 0.22μm 滤膜过滤后得到 LB-EPS，暂时放置于 4℃冰箱保存待分析。

③ 去除上清液后的污泥继续用 0.05% NaCl 溶液稀释至原有体积，60℃下水浴 30min，然后 6000r/min 离心 15min，收集上清液，用 0.22μm 滤膜过滤后得 TB-EPS，暂时放置于 4℃冰箱保存待分析。

④ EPS 主要包括 PN、PS 等高分子化合物，以 PS 和 PN 含量之和作为 EPS 总量。PN 浓度测定采用考马斯亮蓝法，测量范围为 25～500μg/L；PS 浓度以葡萄糖为标准品采用蒽酮-硫酸分光光度法测定，测量范围为 0～150μg/L。

7.2.2.6 傅里叶变换红外光谱分析

FTIR 可揭示 EPS 中的主要官能团及其与环境介质间的相互作用。将 EPS 提取液放置在 $-80℃$ 超低温冰箱冷冻 $4\sim12h$，然后用真空冷冻干燥机干燥 $24\sim48h$ 获得 EPS 的冻干粉末。取 $1mg$ EPS 冻干粉与 $100mg$ 干燥光谱纯溴化钾充分混合研磨后压片。用傅里叶变换红外光谱仪对样品压片进行分析，扫描范围为 $4000\sim400cm^{-1}$。利用 Origin2021 软件绘制傅里叶变换红外光谱图。

7.2.2.7 胞外聚合物的三维荧光光谱表征

本实验采用 3D-EEM 对从污泥中提取的 LB-EPS 和 TB-EPS 的荧光特性进行分析，处理前先将 EPS 样品进行总有机碳（TOC）检测，并根据检测结果将 EPS 稀释一定倍数以保证符合检测浓度要求。荧光分光光度计配备有 150W 的氙灯和 700V 的光电倍增管（PMT）电压作为激发光源，激发和发射的狭缝宽设置为 10nm，扫描波长分别为：激发波长 $Ex=220\sim450nm$，发射波长 $Em=220\sim600nm$。激发波长和发射波长的增量均为 5nm，扫描速度为 12000nm/min，光电倍增管电压为 500V。样品测定以双蒸水为空白扣除背景。得到最终数据后，利用稀释倍数和 MLVSS 浓度对数据进行计算，使用 Origin2021 软件绘制 3D-EEM 等高线图分析单位质量污泥样品 EPS 中有机物的组成特征。

7.2.2.8 高通量测序

本研究利用高通量测序技术对厌氧颗粒污泥暴露于 MPs 和抗生素下的样品进行分析，污泥样本编号与前述分析中编号相同，每组实验设置为 3 个平行样本，研究在不同浓度污染物单独或复合污染条件下微生物群落结构和丰度的变化关系。具体步骤为：

① 样品预处理：从实验结束后的反应器中取出一定量的污泥，用去离子水清洗 3 次后离心（11000r/min，10min，4℃），弃上清液，放入 $-80℃$ 超低温冰箱保存待测。

② DNA 提取：样品中加入无菌水，重新稀释至 10mL，使用旋涡振荡器混合均匀，上述流程重复进行 3 次。使用 DNA 提取试剂盒（Omega Bio-tek，美国）提取 DNA，结束后用琼脂糖凝胶电泳检测 DNA 完整性。

③ PCR 扩增：以上述提取的 DNA 为模板，使用携带 Barcode 序列的上游引物 338F（5'-ACTCCTACGGGAGGCAGCAG-3'）和下游引物 806R（5'-GGACTACHVGGGTWTCTAAT-3'）对 16S rRNA 基因 V3～V4 可变区进行 PCR 扩增。使用 2% 琼脂糖凝胶回收 PCR 产物，利用 DNA 凝胶回收纯化试剂

盒（PCR Clean-Up Kit，中高逾华生物技术有限公司，中国）进行回收产物纯化，并用 Qubit 4.0（赛默飞，美国）对回收产物进行检测定量。

④ 上机测序：将样品在 Illumina Miseq™ 平台上进行测序和建库分析，基于 Sliva 16S rRNA 基因数据库（v.138），使用 Qiime2 中的 Blast 分类器对扩增子序列变异（ASVs）进行物种分类学分析，所有的数据分析均通过美吉生物云平台实现数据可视化。

7.3　磺胺甲噁唑与聚对苯二甲酸乙二醇酯微塑料单独胁迫对脱氮性能的影响

7.3.1　脱氮性能分析

在添加污染物前，各小型反应器已经稳定运行两周，NH_4^+-N 和 NO_2^--N 的 NRE 分别为 89.74%±1.17%、93.45%±0.53%。R_s（$R_s = \Delta NO_2^-$-N/ΔNH_4^+-N）均接近理论值，表明此时的 Anammox 在系统中占主导地位。随后向各反应器内添加 SMX 和 PET MPs，反应器运行期间 NH_4^+-N、NO_2^--N 出水浓度和 NRE 如图 7.1 所示。

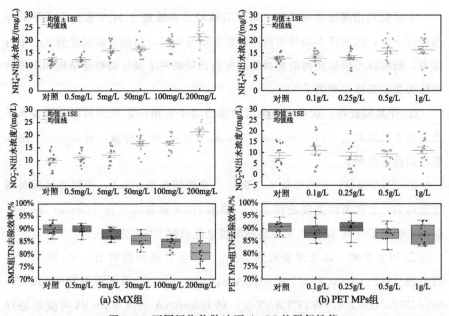

图 7.1　不同污染物胁迫下 AnGS 的脱氮性能

反应结束后，对照组 NH_4^+-N 和 NO_2^--N 出水浓度分别为 12.5mg/L 和 9.4mg/L，氮去除效率分别为88.49%和88.86%，总氮去除负荷（TNRR）为 0.35kg/(m^3·d)，系统仍为 Anammox 主导。0.5mg/L SMX 组 NH_4^+-N 和 NO_2^--N 出水浓度分别为 10.3mg/L 和 11.3mg/L，NRE 分别为 89.68% 和 90.70%，TNRR 为 0.36kg/(m^3·d)。总氮去除率（TNRE）为 90.46%，相比于对照组增加了 2%，说明 0.5mg/L SMX 对 Anammox 系统脱氮效果具有一定程度的促进作用。当 SMX 浓度增加至 5mg/L 时，NH_4^+-N 和 NO_2^--N 出水浓度分别为 14.8mg/L 和 13.4mg/L，NRE 分别为 85.2% 和 85.48%，TNRR 达到 0.34kg/(m^3·d)。相比于对照组，TNRE 减少了 1.2%，但是在 5mg/L SMX 胁迫下，反应器前七天的出水总氮浓度呈下降趋势，从 23.6mg/L 降至 18.7mg/L，TNRE 增加了 2.47%，第二周出水浓度逐渐回升至 24.21mg/L。50～200mg/L SMX 胁迫下，反应前期出水浓度波动较为明显，最终出水总氮浓度分别上升至 25.6mg/L、37.8mg/L、47.7mg/L。TNRE 逐渐降低，分别降低 4.74%、5.57% 和 10.03%。实验结果说明，高于 50mg/L 浓度的 SMX 对 Anammox 反应脱氮效果具有明显的抑制作用。

MPs 组同批实验中，对照组 NH_4^+-N 和 NO_2^--N 出水浓度分别达到 13.6mg/L 和 8.91mg/L，NRE 分别为 86.3% 和 92.5%，TNRR 为 0.36kg/(m^3·d)。P1、P2、P3、P4 组反应器出水氨氮浓度依次为 12.83mg/L、13.09mg/L、17.72mg/L、20.65mg/L，出水 NO_2^--N 浓度依次为 12.9mg/L、9.3mg/L、10.6mg/L、12.9mg/L。NO_2^--N 出水浓度变化不大，NH_4^+-N 出水浓度随 PET MPs 浓度升高逐渐增加，TNRE 由对照组的 89.7% 逐渐降至 85.6%。实验结果说明，短期内 PET MPs 对 AnGS 的脱氮效果影响不大，1g/L PET MPs 浓度对其脱氮效率有较为显著的影响，可能是因为 PET MPs 密度小而浮于水面，导致 MPs 与颗粒污泥接触面积较小，随 MPs 浓度增加，接触面积逐渐增大才影响到颗粒污泥的生物活性。此外，由于 PET 自身化学惰性，其稳定性较高，短期实验内析出有毒物质浓度不足以对微生物活性构成威胁。

R_s 是 NO_2^--N 和 NH_4^+-N 去除量的计量比，表明反应器是否为 AnAOB 提供去除 NH_4^+-N 和 NO_2^--N 的有利条件，是判断脱氮途径是否为自养脱氮过程的重要依据。实验期间各反应器运行阶段计量比如图 7.2 所示。SMX 组和 PET MPs 组 R_s 波动范围分别为 1.10～1.46 和 1.05～1.38，前者与理论值 1.32 较为接近，表明 SMX 组反应器中仍是 Anammox 主导的反应。本实验中氨氮与亚硝酸盐氮的比例为 1:1.2，该比例条件下氨氮过剩，在亚硝酸盐氮完全去除的情况下理论上总氮的去除比例为 96%，氨氮的去除率为 91%。在本实验的结果中，亚硝酸盐氮几近完全去除时总氮与氨氮的去除率均高于理论值，推测有部分氨氮通过其他途径转化为氮气去除。这点可以从 R_s 值低于 1.32 得到佐证。短程硝化过程是 Anammox 反应器中常见的氨氮去除途径之一。MPs 组后期 R_s 值明显偏移理想值，可能是因为 PET MPs 表面带微弱负电荷，PET MPs 对带负电的 NO_2^- 可能存在静电排斥，而对带正电的 NH_4^+ 可能产生吸附，导致溶液中 NH_4^+ 的有效浓度降低。AnAOB 对 NH_4^+ 的摄取有限，而 NO_2^- 的消耗因底物比例失衡而减少，最终导致 R_s 值偏低。

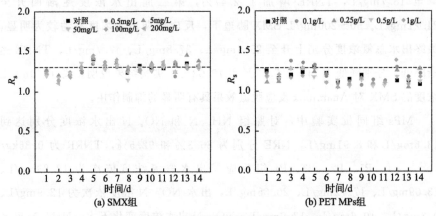

图 7.2　AnGS 在污染物胁迫下的 R_s 变化

7.3.2　比厌氧氨氧化活性分析

SAA 是反映 Anammox 工艺性能的重要指标。高 SAA 值和高生物量是实现超高速脱氮性能的关键因素。实验前所有反应器的 SAA（NH_4^+）和 SAA（NO_2^-）约为 231mg/(g·d) 和 284mg/(g·d)。SMX 组的 RAA 随时间变化如图 7.3 所示。0.5mg/L SMX 组 14d 后的 RAA 较 7 天后均有上升，达到 101%。5~200mg/L 的 SMX 组，随着 SMX 浓度的升高，反应器的 RAA 普遍降低。两周后 200mg/L SMX 使系统 SAA（NH_4^+）和 SAA（NO_2^-）分别下降至 189mg/(g·d) 和 245mg/(g·d)，RAA 分别下降了 15% 和 13%。实验期间 SAA 的变化趋势与脱氮性能基本一致，200mg/L SMX 能够使反应器脱氮性能严重恶化。

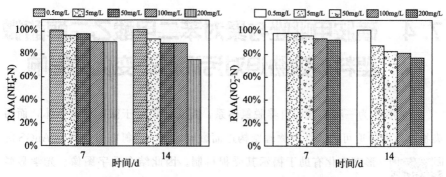

图 7.3 不同浓度 SMX 胁迫下的相对厌氧氨氧化活性

PET MPs 组的 RAA 变化如图 7.4 所示。对照组 SAA（NH_4^+）和 SAA（NO_2^-）约为 245mg/(g·d) 和 276mg/(g·d)。PET MPs 组第一周 SAA 变化不大，第二周 SAA（NO_2^-）较对照组差距较为明显。在本实验中，在低浓度（0.1g/L、0.25g/L）PET MPs 暴露时，吸附位点可能迅速饱和，导致溶液中氨氮浓度的降低幅度趋于稳定，即使 PET MPs 的浓度进一步增加，吸附量也不再显著提升。由于 PET MPs 对传质的阻碍作用，可能在低浓度时达到最大影响阈值。后续浓度升高时，物理阻碍的边际效应递减，导致脱氮性能和 SAA 变化都不明显。Zheng 等实验发现随着 PVC MPs 浓度的增加，SAA 呈下降趋势。当系统中 PVC MPs 浓度（1~50mg/L）较低时，SAA 相对缓慢地降低，而当 PVC MPs 浓度（100~1000mg/L）增加时，SAA 迅速降低。Xue 等研究发现暴露于 0.05~0.1g/L PE MPs 的 AnGS 的 SAA 无显著变化，0.2g/L、0.5g/L 和 1.0g/L PE MPs 的 SAA（NH_4^+-N）分别降低了 4.0%、18.4% 和 19.6%。以上结论说明，不同类型微塑料浓度达到一定阈值后才会抑制 AnGS 的脱氮性能。

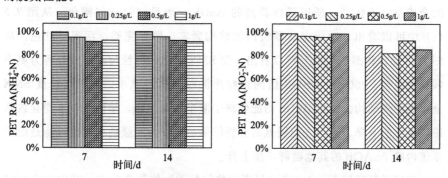

图 7.4 不同浓度 PET MPs 胁迫下的相对厌氧氨氧化活性

7.4 磺胺甲噁唑与聚对苯二甲酸乙二醇酯微塑料单独胁迫对污泥形态变化的影响

AnGS 作为一种高效的自养脱氮体系，其功能依赖于微生物聚集体，而污染物的短期胁迫可能破坏其物理结构进而影响污水的脱氮能力。研究 AnGS 的形态变化有助于揭示其受损机制。因此结合数字图像、光学显微镜和扫描电子显微镜的结果，对 AnGS 形态进行从宏观到微观的多尺度观察，如图 7.5 所示。

彩图

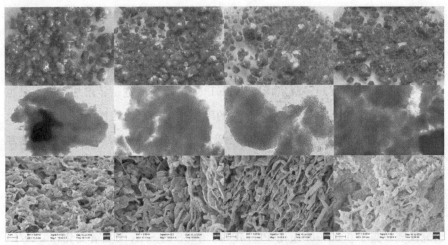

(a) 对照组   (b) 0.5mg/L SMX胁迫   (c) 200mg/L SMX胁迫   (d) 0.5g/L PET MPs胁迫

图 7.5 厌氧氨氧化颗粒污泥多尺度形态特征

由于 AnAOB 体内含有特殊色素蛋白细胞色素 C 和血红素帮助促进功能酶的合成及电子传递，所以活性较高的 AnGS 一般呈红色或红褐色。从图 7.5 (a) 中可以看出，对照组的颗粒污泥结构紧实、颗粒完整、污泥呈红色。从图 7.5 (b) 和图 7.5 (c) 可以看出，受 SMX 胁迫的颗粒污泥部分分解为更小粒径的颗粒，200mg/L SMX 组的颗粒污泥粒径明显减小，表明高浓度 SMX 会破坏污泥结构。由于 AnGS 功能依赖于微生物聚集体，结构破坏可能导致系统脱氮性能下降，这与之前脱氮的分析结果一致。污泥颜色变化也可能是由于系统内除 AnAOB 的其他菌群丰度上升。

在光学显微镜下，AnGS 会呈现出均匀的微生物聚集状态，其中富含血红素的 AnAOB 形成红色菌落，颗粒污泥结构紧密、边缘清晰。在 SMX 的暴露下，厌氧颗粒边缘模糊化，透光性增强。表明抗生素会抑制生物活性，导致污泥结构松散，颜色变浅。图 7.5（d）中，显微镜下可见 PET MPs 暴露后颗粒污泥中的异物，代谢产物累积导致颗粒污泥颜色变深。

在 SEM 观察下，属于浮霉菌门的 AnAOB 通常是球形或者卵形。在 SEM 图像中观察到对照组颗粒污泥球形细菌丰富且紧密，形成花椰菜状的簇。同时，AnGS 表面出现沟槽状间隙，这些间隙是颗粒内基质、代谢物和气体的重要运输通道。对照组中的 AnGS 具有更多的传质孔。SMX 暴露下的污泥表面产生了部分丝状黏性物质，其含量随浓度增加而增多，说明为了抵御外界抗生素的胁迫，细胞产生了更多的 EPS 来保护和维持污泥结构及细菌活性。污泥表面凹凸不平，孔洞结构增加，这些孔洞有利于污水中基质底物的进入，为活性降低的 AnAOB 提供更多的营养物质以促进反应。同时，观察到 PET MPs 组污泥表面被 PET MPs 覆盖，这是因为 PET MPs 粒径小，比表面积大很容易附着在 AnGS 表面。随着反应时间的加长，PET MPs 可能融入 AnGS，与微生物和其分泌的 EPS 形成了致密的块状结构，AnGS 孔隙明显减少，其脱氮性能也随之下降。

7.5 磺胺甲噁唑与聚对苯二甲酸乙二醇酯微塑料单独胁迫对胞外聚合物含量及组成的影响

7.5.1 胞外聚合物含量分析

EPS 是污泥产生的大分子混合物，主要由 PS、PN 和腐殖酸（humic acid，HA）组成。亲水性部分主要由 PS 组成，疏水性部分主要由 PN 和 HA 组成。此外，EPS 具有很强的吸附能力，它们在微生物聚集、形成生物膜时可作为细菌周围的保护屏障，保护细菌免受有毒物质的侵害，保持相对稳定的内部环境。EPS 作为一种抵御有毒物质的屏障，在抵抗应激因素中起着重要作用。值得注意的是，EPS 仅能在低应激浓度下保护细胞，当应激压力大于微生物自我防御能力时，其分泌可能会减少。微生物之间紧密结合有利于 AnGS 的生长。EPS 通常被分为松散结合型 EPS（LB-EPS）和紧密结合型 EPS（TB-EPS）。每个 EPS 层被认为具有不同的物理化学性质，从而在生物废水处理过程中发

挥多种作用。LB-EPS 位于细胞外层，结构较为松散，主要负责吸附污染物和
传递信号，更容易受到外界环境的影响，可能会阻碍污泥脱水和生物絮凝。
TB-EPS 与细胞的结合更为紧密，主要维持生物膜的稳定性和细胞抗逆性，对
细菌的聚集形态和生存能力具有指示作用。研究不同浓度 PET MPs 和 SMX
对颗粒污泥 EPS 含量的影响，可以进一步阐明污染物暴露下 Anammox 的性能
变化。对各反应器内污泥的 PN 和 PS 含量进行测定，结果如图 7.6 所示。

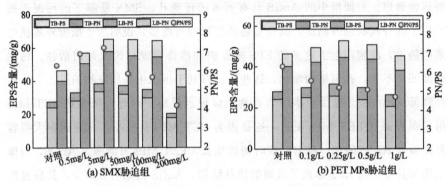

图 7.6　胞外聚合物含量与 PN/PS 值变化特征

在无污染物暴露的情况下，对照组的 EPS 含量稳定在 (74.39±3.47)mg/g。
SMX 组的 EPS 随 SMX 浓度增加呈先增加后减少的趋势，SMX 浓度≤5mg/L
时 EPS 含量增加，5mg/L SMX 使系统 EPS 含量达到最高值 103.91mg/g。抗
生素胁迫使细菌通过增强 EPS 的网络结构和疏水性进行抵抗。其中 PN 含量对
于 EPS 增加的贡献值更大。Fu 等报道了 PN 可以通过氢键与四环素、SMX 结
合来吸附抗生素，这是 EPS 抵抗抗生素胁迫的防御机制之一。在 5mg/L SMX
条件下，EPS 的 PN/PS 值达到最大值 7.26，PN 通过其疏水性与羟基和羧基
等官能团为抗生素提供了吸附结合位点，说明 EPS 为缓解抗生素胁迫提供了
更多的吸附位点。PN/PS 的值越大，表明 EPS 表面负电荷越少，疏水性能越
强，利于污泥结构的稳定。带负电的 EPS 通过静电作用与带正电的抗生素结
合，或者形成配合物从而增强抗生素的吸附。SMX 和 EPS 中的 PN 通过疏水
相互作用，结合后 EPS 结构膨胀疏松。

　　但是，当 SMX 浓度在 50～200mg/L 时，系统 EPS 含量较低浓度 SMX 整
体减少，相比对照组仍有上升，说明高浓度的抗生素对微生物有很强的毒性作
用，导致 EPS 分泌受到抑制。200mg/L SMX 胁迫下的 LB-EPS 中 PS 含量显
著降低，而 PS 是维持细胞稳定性的关键成分，其含量过低会导致污泥结构解
体。对于 200mg/L 高浓度 SMX 暴露下的污泥来说，微生物可能无法正常代

谢，抗生素阻碍了肽键的形成，抑制了 EPS 中 PN 的合成。在 SMX 浓度逐渐升高的过程中，TB-EPS 含量的增加可能是微生物为抵御外界不利环境的保护机制。TB-EPS 尤其是其中的 PN 含量越高，为微生物代谢提供的营养物质和酶就越多，以此来提高污泥活性。总的来说，Anammox 系统在低浓度抗生素的短期影响下不容易崩溃，这可能是因为 EPS 的屏障作用阻止了抗生素迅速侵入细胞造成伤害。当抗生素含量过高时，细胞无法提供足够的能量分泌过多的 EPS，其耐药机制将转化为抗生素抗性基因的上调。

微生物在一定环境压力下或者细胞裂解时均可能产生 LB-EPS。实验结果表明，$0.5 \sim 100mg/L$ SMX 实验组相比对照组 LB-EPS 均有提升，5mg/L SMX 组 LB-EPS 的含量最高，可能是外界对微生物造成了严重影响导致细胞裂解产生了更多的 LB-EPS。相反，随着 SMX 浓度的增加，TB-EPS 含量逐渐减小，LB-EPS/TB-EPS 值从而变大。观察到 200mg/L SMX 暴露下的污泥结构松散。LB-EPS 与 TB-EPS 的比值是颗粒污泥聚合能力的重要指标，LB-EPS/TB-EPS 值越大，表明污泥结构恶化。颗粒污泥开始裂解更有利于抗生素的作用，因为絮状污泥对抗生素更敏感。

对于 PET MPs 组，实验结果表明，AnGS 短期暴露于 PET MPs 中，对其 EPS 含量影响不显著。与对照组相比，0.25g/L PET MPs 的添加使 EPS 含量增加最大。随后，EPS 含量随 PET MPs 浓度的增加而下降，由对照组的 $(74.39 \pm 3.47)mg/g$ 降至 68.4mg/g。与 PS 相比，PN 含量的下降幅度更大，降低了 PN 与 PS 的比值。实验表明低浓度 PET MPs 可诱导 EPS 分泌，高浓度 PET MPs 可抑制 EPS 分泌甚至使细胞裂解死亡。EPS 的 PN/PS 随 PET MPs 浓度增加而下降，可能是由于高浓度 PET MPs 降低了 AnGS 的疏水性和聚集性。Zhang 等报道了 PET MPs 诱导 Anammox 系统中 EPS 的产生。洪等还探索了 PET MPs 尺寸对 AnGS 的影响，PET MPs 粒径越小，EPS 分泌越多及 PN/PS 值越大，颗粒污泥结构越不完整。

7.5.2 胞外聚合物傅里叶变换红外光谱分析

为了更好地掌握 SMX 和 PET MPs 暴露下 Anammox 污泥 EPS 组成和官能团变化，采用 FTIR 分析了对照组、SMX 组和 PET MPs 组在第 14 天的差异。FTIR 的谱图主要分为指纹区和官能团区，具体波段如表 7.4 所示。受 SMX 和 PET MPs 单一胁迫下 AnGS 中提取的 EPS 的 FTIR 谱图如图 7.7 所示。据观察，EPS 中物质包括烃类、PN 中的酰胺、多糖和核酸。在光谱图中，有机物的最大吸收峰波长向更长的波长方向偏移称为红移，波长向更短的波长方向偏移称为蓝移。红移主要是由于羰基、羧基、羟基和氨基等荧光基团的增多。蓝移与荧光基团中芳香环和共轭键等官能团的减少以及较大有机颗粒破裂有关。两组实验 EPS 光谱的峰值位置和数量与对照组非常接近，说明污泥短期暴露于 SMX 和 PET MPs 未能改变 EPS 的官能团种类。不同分层 EPS 中的化学基团类型相似，但是红外光谱的特征峰强度发生了变化。

表 7.4　基于 FTIR 的厌氧氨氧化颗粒污泥化学键特征分析区域划分

基团频率		振动类型	官能团和代表物质
范围/cm^{-1}	样本/cm^{-1}		
3600~3200	3434,3436	O—H 和 N—H 的伸缩振动	—OH 型聚合物
3000~2900		—CH$_2$ 的 C—H 的伸缩振动	类腐殖质物质
1700~1600	1632,1642	C=O 和 N—H 的伸缩振动	蛋白质酰胺 I
1600~1500	1537	N—H 和 C—N 的伸缩、变形振动	蛋白质酰胺 II
1500~1300	1406,1338	COO⁻、C—O，C—H 的延伸振动	含羧基和类烃化合物
1300~1200	1243	C—N 的变形振动	蛋白质酰胺 III
1200~900	1069	C—O—C，C—P—O 的伸缩振动	多糖和核酸
900~600	—	芳香族氨基酸和核苷酸环振动	指纹区

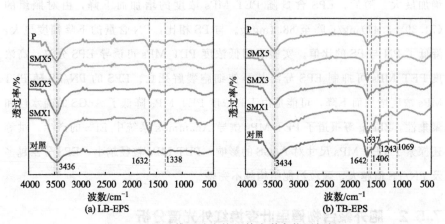

图 7.7　EPS 傅里叶变换红外光谱官能团解析

在官能团区，发现 EPS 在 3630~3250cm^{-1} 间出现强而宽的吸收峰。3600~3200cm^{-1} 范围内出现的峰可能对应醇类或酚类化合物的 O—H 吸收峰或胺类化合物中 N—H 的伸缩振动峰。一般认为，1800~600cm^{-1} 区域的 FTIR 可以提供关于 EPS 组分和官能团的主要信息。与以往的研究一致，本次测定几乎在 FTIR 中的六个区域内都出现了谱带，TB-EPS 峰强度较 LB-EPS 更为明显，这意味着 EPS 中 PN 和 PS 相关官能团及组成是复杂的。根据实验结果，在 1069cm^{-1} 处观察到 PS 的 C—O—C 环振动与 C—OH 伸缩振动产生的信号峰，其峰强度随污染物质种类、浓度变化而不同。TB-EPS 中观察到的峰强更明显，说明 TB-EPS 中 PS 含量更多，低浓度 SMX 能够产生更多的 PS。蛋白质酰胺Ⅲ带 PN 二级结构中 C—N 的伸缩振动造成了 1243cm^{-1} 处的吸收峰。与氨基酸相关的 COO—、C—O、C—H 延伸造成了 1406cm^{-1}、1338cm^{-1} 处的吸收峰。蛋白质酰胺Ⅱ带的特征峰在 1600~1500cm^{-1}，表征 N—H 弯曲振动和 C—N 伸缩振动。1642cm^{-1} 处表示蛋白质酰胺Ⅰ带 C=O 以及 N—H 伸缩振动造成 1700~1600cm^{-1} 的吸收峰，C=O 与 PN 二级结构中 β-折叠有关。TB-EPS 和 LB-EPS 相比，在 1632cm^{-1} 处的峰发生蓝移，说明蛋白质酰胺Ⅰ发生了结构转变。

一般来说，EPS 中的羧基、氨基和羟基是抗生素反应的主要靶向官能团。FTIR 分析表明，与对照组相比，SMX 组在 1642cm^{-1} 和 1406cm^{-1} 处峰强变化最为明显，说明 SMX 对 EPS 中 COO—、C=O 以及 C—N 等影响显著，PET MPs 影响效果不如 SMX。有研究表明，在环丙沙星强制降解过程中，对 EPS 官能团的影响主要在蛋白质酰胺Ⅰ中 C=O 的伸缩振动、氨基中 N—H 的弯曲振动以及羟基中 O—H 的伸缩振动中观察到。据报道，O—H、N—H、C—O、C=O 和 C—O—C 具有亲水性，C—H 具有疏水性。暴露于污染物后提取的 EPS 亲水性官能团的改变会影响其疏水性。此外，与对照组相比，添加 PET MPs 可增加污泥中的 PS，降低氨基酸含量，从而提高污泥的亲水性，降低污泥的疏水性。污泥表面疏水性的降低会增加微生物细胞表面的剩余吉布斯（Gibbs）自由能，从而降低细胞的吸附能力，降低污泥的黏度。污泥黏度的降低会减弱污泥颗粒之间的团聚，使污泥结构松动、破裂。这些结果表明，AnGS 在污染物胁迫下优先调节 PN 的合成并通过调节 PS 的产生提高适应能力。

LB-EPS 中表明污泥表面存在较多的不饱和含氧官能团（—OH、—COOH 等），污泥表面出现较高的氧化程度。有报道称，有机分子中含有大量氧可以结合在羟基和羧基上，可以有效增强污泥的结合能力。TB-EPS 吸附的主要成分是脂类和 PN，外层吸附芳香度和不饱和度较高的化合物。从图 7.7 中可以看出，蛋白质酰胺Ⅰ带的特征峰强度高于蛋白质酰胺Ⅱ带，并且 TB-EPS 在此区域的峰强度高于 LB-EPS，说明 TB-EPS 中的 PN 含量也高于 LB-EPS，结论和此前测定的 EPS 含量结果相同。随着 SMX 浓度的提升该峰强度增大，说明受 SMX 胁迫的 AnGS 的 PN 含量升高，亲水性官能团增加，则 TB-EPS 比 LB-EPS 亲水性更强，这对于 AnGS 的沉降和聚集有抑制作用，高浓度的 SMX 不利于维持污泥结构的稳定性。在高 PET MPs 水平下，AnGS 中分泌的 EPS 发生了异常分解，分析其原因是高浓度 PET MPs 的应激效应、营养物质供应受限以及内源性呼吸消耗了部分 EPS，导致微生物生存环境发生了变化。短期 MPs 胁迫改变了污泥亲水性和疏水性官能团的相对比例。EPS 中 TB-EPS 的峰强度高于 LB-EPS，这表明 TB-EPS 可能对颗粒稳定贡献最大。

7.5.3 胞外聚合物三维荧光光谱表征

3D-EEM 分析技术具有灵敏度高和选择性强的优点，在痕量分析中占据重要地位。借助 3D-EEM 技术，可更详细研究 EPS 的结构、功能特性及环境行为。三维荧光光谱特征区域划分如表 7.5 所示。

表 7.5　EPS 三维荧光光谱特征区域划分

区域	$Ex/Em/\text{nm}$	物质
I	220～250；280～330	酪氨酸蛋白类
II	220～250；330～380	色氨酸蛋白类
III	220～250；380～450	类富里酸
IV	250～400；280～380	类溶解性微生物代谢类物质
V	250～400；380～500	类腐殖酸

对 SMX 组和 0.5g/L PET MPs 暴露后的污泥 EPS 中的荧光基团进行 3D-EEM 分析（图 7.8）。实验组 LB-EPS 出现的荧光峰强度不高，TB-EPS 的荧光峰强度最高，说明 PN 主要分布在 TB-EPS 中。由于本实验室用水采用人工配制的模拟污水，不含类腐殖酸。观察到对照组 EPS 在 3D-EEM 图中存在 2 个荧光峰位点，组分 IV 和组分 I 分别位于激发（Ex）/发射（Em）波长为 350nm/280nm 和 230nm/310nm 处，归属于类溶解性微生物代谢类物质和酪氨酸蛋白类。实验组也能明显识别出 2 个荧光峰。三维荧光谱图表明，在 SMX 胁迫下，厌氧颗粒污泥 EPS 中类溶解性微生物代谢类物质和色氨酸蛋白类物质荧光强度上升，这与 PN 含量增加的趋势一致。说明 SMX 刺激了微生物 EPS 的增加，荧光峰强度和位置变化与 EPS 的结构变化相关。荧光峰减弱可能是由于色氨酸和酪氨酸的侧链具有较强的疏水性，疏水的相互作用可以使

EPS 与 SMX 更紧密地结合，形成相关配合物导致荧光淬灭。EPS 中含有的大量活性官能团和疏水基团对有毒物质有吸附作用，这些官能团还可以通过与外源性有毒化合物发生氧化还原反应或吸附反应来降低外部毒性而形成对微生物的保护机制。抗生素可与 EPS 中色氨酸残基等疏水分子相互作用。

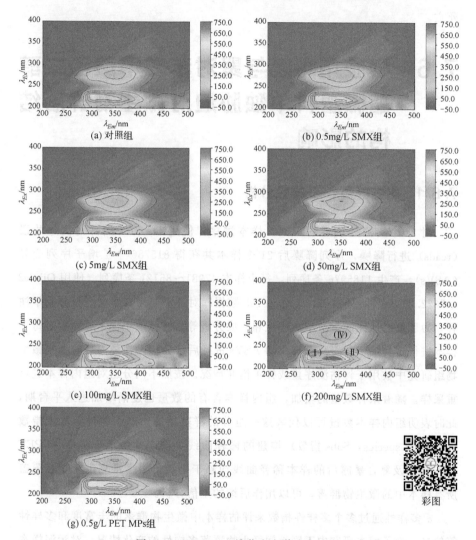

(a) 对照组

(b) 0.5mg/L SMX组

(c) 5mg/L SMX组

(d) 50mg/L SMX组

(e) 100mg/L SMX组

(f) 200mg/L SMX组

(g) 0.5g/L PET MPs组

彩图

图 7.8 TB-EPS 三维荧光光谱响应特征

与对照组相比，SMX 浓度在 50mg/L 时，EPS 中含有更多的类溶解性微生物代谢类物质，表明 50mg/L 以上的浓度可能造成微生物的死亡。SMX 浓度增加，色氨酸蛋白含量也随之增加。当 SMX 浓度达到 200mg/L 时，发现酪氨酸的峰强度也有增加。有研究发现，色氨酸含有丰富的基团，所以微生物通过分泌色氨酸、酪氨酸等芳香类蛋白来抵御抗生素毒性。酪氨酸蛋白增加是为了抵御 SMX 对污泥的胁迫。EPS 中类溶解性产物的增加通常是底物代谢以及微生物死亡的结果。本研究发现高浓度的 SMX 导致污泥 EPS 类溶解性微生物代谢物质增加，而脱氮性能下降，说明高浓度的 SMX 会让污泥中功能微生物死亡。

7.6　磺胺甲噁唑与聚对苯二甲酸乙二醇酯微塑料单独胁迫对微生物群落结构的影响

7.6.1　生物群落 α 多样性分析

对 21 个实验处理后的 AnGS 样本测序，使用 DADA2 插件对测序片段（reads）进行降噪，序列降噪后 21 个样本共获得 815786 个扩增子序列变异（ASVs），产生 1185976 条序列，每个样本 47981～85121 条序列。使用 Qiime2（v2022.2）软件，通过 Silva138.2/16S 数据库对 ASVs 代表序列进行分类学注释，为了更好地完成下游的多样性和组成分析等，按照最小样本序列数对每个样本进行序列抽平获得高分辨率的 ASVs 进行后续分析。物种稀释曲线在微生物组研究中被用于评估测序量或样本饱和情况。按照不同分组对组内样本进行重采样，随着采样数量的增加，组内样本含有的数量也逐渐增加进入平台期，此时表明组内样本数量可以代表这一组分的群落组成。基于物种丰富度指数（observed species，Sobs 指数）构建的稀释曲线如图 7.9 所示，SMX 和 PET MPs 单组及复合暴露后的样本稀释曲线均趋于平缓，测序量充足，能够覆盖所有样本中的微生物群落，可以用作后续的生信分析。

α 多样性通过多个多样性指数来评估样本中微生物群落的丰富度和多样性等信息，为了解本研究中不同组间微生物群落多样性的变化情况，对污泥样本常用的 α 多样性指数 [ACE、Chao1、辛普森（Simpson）、香农（Shannon）、Coverage] 进行 ASVs 水平上的统计分析，样本数据结果见表 7.6。数据结果分析表明，21 个生物样本 Coverage 指数值均大于 0.99，表明本研究的生物样本有较高的覆盖率，能够较好地反映样本的实际情况。ACE 指数和 Chao1 指数常被用来描述群落丰富度，指数越大表示丰富度越高，物种总数越多。对照

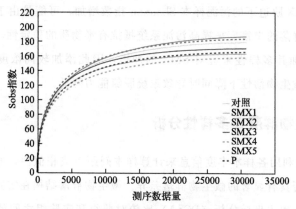

图 7.9 单污染物 Sobs 指数稀释曲线

组两个指数的样本均值分别为 182.49 和 180.95。添加 0.5mg/L SMX 的颗粒污泥 ACE 和 Chao1 指数下降至 164.45 和 163.51，可能是刚加入的污染物对污泥中原本相对平衡的物种组成有冲击作用，从而使物种丰富度降低。当 SMX 浓度增加至 5mg/L 时，ACE 和 Chao1 指数上升至 191.53 和 188.78，说明适当浓度有可能提升 AnGS 的丰富度。50～100mg/L SMX 使颗粒污泥 ACE 和 Chao1 指数下降。但是当 SMX 浓度增加至 200mg/L 时，ACE 和 Chao1 指数再次上升，表明高浓度的 SMX 已经对系统微生物成分造成严重影响，可能形成除 AnAOB 以外的微生物使得污泥中微生物丰富度增加。

表 7.6 α 多样性指数

样本	ACE	Chao1	Shannon	Simpson	Coverage
对照	182.4927	180.9457	2.8125	0.1489	0.9997
SMX1	164.4504	163.5065	2.7012	0.1746	0.9999
SMX2	191.5283	188.7822	2.9109	0.1315	0.9997
SMX3	172.2246	171.1778	2.8636	0.1423	0.9998
SMX4	160.7660	159.3191	2.8626	0.1492	0.9998
SMX5	187.3449	185.6987	2.8910	0.1398	0.9997
P	167.9115	166.5316	2.7303	0.1505	0.9998

Shannon 指数也称香农熵指数，综合考虑群落的丰富度和均匀度。样本的 Shannon 指数越高，生物群落的多样性越高。与对照组相比，持续暴露于 0.5g/L PET MPs 的样本 Shannon 指数下降，表明 PET MPs 的引入可能会导致微生物群落多样性降低。只有 0.5mg/L SMX 胁迫下的污泥样本的 Shannon 指数下降，表明 0.5mg/L SMX 对微生物群落可能存在持续性的影响。5～

200mg/L SMX 胁迫下的污泥样本 Shannon 指数增加，可能是由于污泥系统通过增加细菌群落的丰富度来提高污泥系统抵抗有毒物质的稳定性，但是微生物不能通过增加其多样性来应对 SMX 的冲击，因此添加较高浓度的 SMX 时，反应器中的微生物活性下降同时导致系统脱氮能力降低。

7.6.2 生物群落 β 多样性分析

β 多样性利用各样本丰度信息来计算样本间距离或相似性，通过距离反映样本组间是否具有显著的微生物群落差异。微生物群落结构在实验过程中不断变化，因此采用主坐标分析（PCoA）比较对照组和实验组之间的细菌群落多样性，该分析基于 β 多样性测量群落之间的差异，如图 7.10 所示。

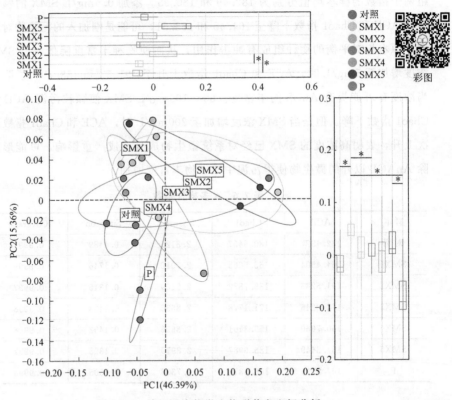

图 7.10　单一污染物微生物群落主坐标分析

图中每个点代表一个样本，不同颜色点代表不同的实验分组，点间距离反映样本在原始距离矩阵中的差异，距离越近表明样本间相似性越高。在单独污染物暴露下的主坐标分析图中，两个主要轴（PC1 和 PC2）总共贡献了 61.75% 的方差，贡献率分别为 46.39% 和 15.36%。对照组样本点集中在 PC1

左侧和 PC2 中轴附近，组内聚集紧密，表明未受污染物干扰的厌氧颗粒污泥结构稳定。PET MPs 组向 PC2 轴下侧聚集，SMX 组沿 PC1 轴左上方分散，尤其是 200mg/L SMX 与对照组显著分离，说明高浓度 SMX 暴露显著改变了厌氧颗粒污泥中的微生物群落组成。

7.6.3 物种组成及差异分析

细菌在门水平的相对丰度如图 7.11（a）所示。实验结果表明，对照组门水平丰度由高到低排序前五名为浮霉菌门（Planctomycetes）、假单胞菌门（Pesudomonadota）、绿弯菌门（Chloroflexi）、髌骨细菌门（Patescibacteria）和拟杆菌门（Bacteroidetes），相对丰度占比依次为 34.12%、25.85%、24.11%、4.56%、4.02%。在 Anammox 反应器中，AnGS 中的核心功能菌群主要属于 Planctomycetes。Pesudomonadota、弯曲菌门（Campylobacterota）、黏球菌门（Myxococcota）、硝化螺旋菌门（Nitrospirae）和蛭弧菌门（Bdellovibrionota）原本都属于变形菌门（Proteobacteria），近几年逐渐被独立出来。Pesudomonadota 常见于各种环境，包括土壤、水体和污水处理系统，可以参与硝酸盐的还原，将硝酸盐转化为亚硝酸盐或者氮气。

各实验组的优势门水平总相对丰度达到 90% 左右，其中，Planctomycetes 在 SMX1、SMX2、SMX3、SMX4、SMX5 中的相对丰度分别为 37.93%、33.77%、1.32%、32.49%、23.87%。可以观察到，系统在 0.5mg/L SMX 胁迫下 Planctomycetes 的相对丰度高于对照组，5~100mg/L SMX 组 Planctomycetes 相对丰度略低于对照组，当 SMX 浓度达到 200mg/L 时，Planctomycetes 的相对丰度显著降低至 23.87%。推测低浓度的 SMX 可能短期诱导 Planctomycetes 的抗性基因表达，丰度出现小幅上升，较高浓度的 SMX 会使 AnAOB 活性逐渐下降，丰度变化可能会有滞后性。AnAOB 的细胞膜结构与普通细菌不同，对 SMX 的渗透性较低，但是 200mg/L SMX 可能已经超出细菌耐受值，直接抑制细菌的叶酸代谢，导致细胞分裂受阻从而丰度显著降低。据报道，Anammox 污泥暴露于 MPs 可导致微生物群落之间的显著差异，但是微生物群落结构的变化仍然存在争议。Tan 等发现，在反应器中加入可生物降解的聚丁二酸丁二醇酯 MPs 可以刺激 AnAOB 的相对丰度，而在反应器中加入不可生物降解的聚氯乙烯 MPs 会产生相反的效果。本实验中，5g/L 的 PET MPs 组的 Planctomycetes 相对丰度下降，Pesudomonadota 相对丰度反而增加，

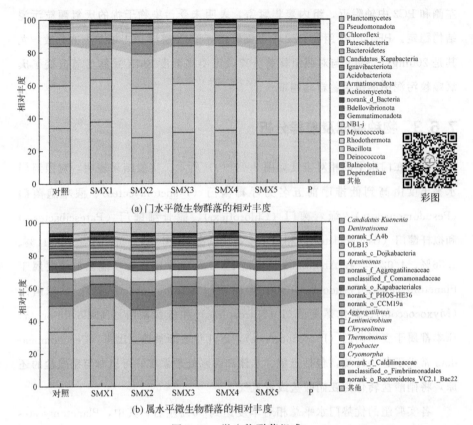

(a) 门水平微生物群落的相对丰度

彩图

(b) 属水平微生物群落的相对丰度

图 7.11　微生物群落组成

表明其对 AnAOB 生长和活性有抑制作用同时提高了反硝化菌的丰度。这些结果与脱氮性能和 SAA 一致。有研究表明，在透射电镜下观察高浓度 PET MPs 暴露下的 AnGS，发现 AnAOB 的厌氧氨氧化体结构出现破裂。Planctomycetes 的丰度下降可能是由于 MPs 在系统运行过程中表面出现磨损破坏了细胞膜。

　　属水平的分类结果使用 Sliva 数据库确定，如图 7.11（b）所示，AnAOB 常见的属水平上分类分别是 *Candidatus Brocadia*、*Candidatus Kuenenia*、*Candidatus Scalindua*、*Candidatus Jettenia*、*Candidatus Anammoxglobus*。本次实验各样本中 *Candidatus Kuenenia* 相对丰度占比最大，是核心的 AnAOB。当反应器添加 0.5mg/L SMX 时，*Candidatus Kuenenia* 的相对丰度由 33.63% 提高到 37.46%，可能是由于 SMX 对系统其他微生物的毒性导致其他微生物的相对丰度降低，从而增加了 AnAOB 的相对丰度。随着 SMX 的浓度从 5mg/L 增加到 200mg/L，*Candidatus Kuenenia* 的相对丰度逐渐降低，200mg/L SMX 下显著降低至 23.19%。在此过程中，系统的 TNRR 和 TNRE 也随之降

低，AnAOB 的相对丰度降低导致其活性受到抑制，也有可能是因为亚硝酸盐氧化菌和其他细菌活性增强。

7.7 本章小结

本章通过研究 SMX 与 PET MPs 单一胁迫对 Anammox 系统性能的影响，揭示了二者独立作用下的毒性路径及对脱氮效率、污泥活性及胞外聚合物特性的作用机制。实验设置 0.5～200mg/L 梯度浓度 SMX 与 0.1～1g/L PET MPs，结合多维度分析得出以下结论。

① 脱氮性能的剂量-效应关系：SMX 对脱氮效率的影响呈现"低促高抑"特征。0.5mg/L SMX 轻微促进 TNRE（增加 2%），但 SMX 浓度≥50mg/L 时显著抑制脱氮效率。PET MPs 对脱氮效率的短期影响较小，仅 1g/L 高浓度时抑制总氮去除率（降至 85.6%）。PET MPs 可能通过物理屏障阻碍传质，或通过静电作用干扰底物平衡，导致 R_s 值偏离理论值。

② 污泥活性与结构响应：比厌氧氨氧化活性随 SMX 浓度升高显著下降，且亚硝酸盐利用活性受抑制更明显。PET MPs 在高浓度下亦抑制 SAA，但与短期吸附饱和相关。高浓度 SMX 导致污泥颗粒分解、颜色变浅，表面形成丝状黏性物质；PET MPs 附着于污泥表面，堵塞孔隙并减少传质通道，间接影响脱氮性能。

③ EPS 的防御与适应机制：SMX 胁迫下，EPS 含量呈先增后减趋势（5mg/L 时达峰值 103.91mg/g），PN/PS 值升高表明微生物通过分泌疏水性蛋白抵御毒性。但 SMX 浓度≥50mg/L 时抑制 EPS 合成，导致污泥结构松散。PET MPs 短期暴露诱导低浓度组 EPS 分泌，1g/L 高浓度抑制 EPS 生成，且 PN/PS 值下降，削弱污泥疏水性与结构稳定性。红外光谱结果显示，污染物胁迫未改变 EPS 官能团种类，但亲水性基团含量波动显著，SMX 组蛋白质酰胺 I 带峰强增强。三维荧光光谱表明，SMX 刺激色氨酸类蛋白和溶解性代谢物分泌，通过芳香基团配位污染物。PET MPs 组荧光峰强度变化较小，反映其物理毒性为主导作用。

本章阐明了 SMX 与 PET MPs 单一胁迫对 Anammox 系统的独立毒性机制：SMX 通过化学毒性抑制酶活性与 EPS 合成，而 PET MPs 通过物理屏障与静电作用干扰底物平衡。研究结果为后续复合污染协同效应研究提供了理论基础。

◆ 参考文献 ◆

[1] Huang D Q, Fu J J, Li Z Y, et al. Inhibition of wastewater pollutants on the anammox process: A review [J]. Science of the Total Environment, 2022, 803: 150009.

[2] Li H, Xu S, Fu L, et al. Revealing the effects of acute exposure of polystyrene nanoplastics on the performance of Anammox granular sludge [J]. Journal of Water Process Engineering, 2022, 50: 103241.

[3] Ye J, Zhu Y, Chen H, et al. Land use, stratified wastewater and sediment, and microplastic attribute factors jointly influence the microplastic prevalence and bacterial colonization patterns in sewer habitats [J]. Science of the Total Environment, 2024, 918: 170653.

[4] Kovalakova P, Cizmas L, McDonald T J, et al. Occurrence and toxicity of antibiotics in the aquatic environment: A review [J]. Chemosphere, 2020, 251: 126351.

[5] Xu Y, Zhang D, Xue Q, et al. Long-term nitrogen and phosphorus removal, shifts of functional bacteria and fate of resistance genes in bioretention systems under sulfamethoxazole stress [J]. Journal of Environmental Sciences, 2023, 126: 1-16.

[6] Xie S, Hamid N, Zhang T, et al. Unraveling the nexus: Microplastics, antibiotics, and ARGs interactions, threats and control in aquaculture-A review [J]. Journal of Hazardous Materials, 2024, 471: 134324.

[7] van der Star W R L, Miclea A I, van Dongen U G J M, et al. The membrane bioreactor: A novel tool to grow anammox bacteria as free cells [J]. Biotechnology and Bioengineering, 2008, 101 (2): 286-294.

[8] Yang D, Jiang C, Xu S, et al. Insight into nitrogen removal performance of anaerobic ammonia oxidation in two reactors: Comparison based on the aspects of extracellular polymeric substances and microbial community [J]. Biochemical Engineering Journal, 2022, 185: 108526.

[9] Yin C, Meng F, Chen G H. Spectroscopic characterization of extracellular polymeric substances from a mixed culture dominated by ammonia-oxidizing bacteria [J]. Water Research, 2015, 68: 740-749.

[10] Strous M, Heijnen J J, Kuenen J G, et al. The sequencing batch reactor as a powerful tool for the study of slowly growing anaerobic ammonium-oxidizing microorganisms [J]. Applied Microbiology and Biotechnology, 1998, 50 (5): 589-596.

[11] Tang C J, Zheng P, Wang C H, et al. Performance of high-loaded ANAMMOX UASB reactors containing granular sludge [J]. Water Research, 2011, 45 (1): 135-144.

[12] Zheng J. Long-term effect of microplastics on anammox systems: From macro efficiency to micro metabolic mechanisms and antibiotic resistance genes proliferation [J]. Journal of Cleaner Production, 2024, 440: 141032.

[13] Xue T, Yang X, Li W, et al. Effect of polyethylene microplastics on anammox sludge characteristics and microbial communities [J]. Journal of Environmental Chemical Engineering, 2024, 12 (6): 114769.

[14] Chen C, Huang X, Lei C, et al. Effect of organic matter strength on anammox for modified greenhouse turtle breeding wastewater treatment [J]. Bioresource Technology, 2013, 148:

172-179.

[15] Kuenen J G. Anammox and beyond [J]. Environmental Microbiology, 2020, 22 (2): 525-536.

[16] Xu D, Kang D, Yu T, et al. A secret of high-rate mass transfer in anammox granular sludge: "Lung-like breathing" [J]. Water Research, 2019, 154: 189-198.

[17] Huangfu X, Xu Y, Liu C, et al. A review on the interactions between engineered nanoparticles with extracellular and intracellular polymeric substances from wastewater treatment aggregates [J]. Chemosphere, 2019, 219: 766-783.

[18] Tang M, Zhou S, Huang J, et al. Stress responses of sulfate-reducing bacteria sludge upon exposure to polyethylene microplastics [J]. Water Research, 2022, 220: 118646.

[19] Zhao W, You J, Yin S, et al. Extracellular polymeric substances—antibiotics interaction in activated sludge: A review [J]. Environmental Science and Ecotechnology, 2023, 13: 100212.

[20] Zhang M Q, Yuan L, Li Z H, et al. Tetracycline exposure shifted microbial communities and enriched antibiotic resistance genes in the aerobic granular sludge [J]. Environment International, 2019, 130: 104902.

[21] Zhang L, Peng Y, Soda S, et al. Molecular-level characterization of stratified extracellular polymeric substances of anammox sludge and its adsorption preference to refractory dissolved organic matter [J]. Energy, 2020, 213: 118818.

[22] Fu J J, Huang D Q, Bai Y H, et al. How anammox process resists the multi-antibiotic stress: Resistance gene accumulation and microbial community evolution [J]. Science of the Total Environment, 2022, 807: 150784.

[23] Wang W, Yan Y, Zhao Y, et al. Characterization of stratified EPS and their role in the initial adhesion of anammox consortia [J]. Water Research, 2020, 169: 115223.

[24] He Z, Fan G, Xu Z, et al. A comprehensive review of antibiotics stress on anammox systems: Mechanisms, applications, and challenges [J]. Bioresource Technology, 2025, 418: 131950.

[25] He Y, Cao L, Gadow S I, et al. Insights into antibiotics impacts on long-term nitrogen removal performance of anammox process: Mechanisms and mitigation strategies [J]. Journal of Environmental Chemical Engineering, 2025, 13 (1): 115035.

[26] Zhang Y T, Wei W, Huang Q S, et al. Insights into the microbial response of anaerobic granular sludge during long-term exposure to polyethylene terephthalate microplastics [J]. Water Research, 2020, 179: 115898.

[27] 洪先韬, 周鑫. 聚对苯二甲酸乙二醇酯微塑料对 Anammox 颗粒污泥的尺寸影响效应 [J]. 中国环境科学, 2023, 43 (12): 6406-6412.

[28] Badireddy A R, Chellam S, Gassman P L, et al. Role of extracellular polymeric substances in bioflocculation of activated sludge microorganisms under glucose-controlled conditions [J]. Water Research, 2010, 44 (15): 4505-4516.

[29] Zhen J, Zheng M, Wei W, et al. Extracellular electron transfer (EET) enhanced anammox process for progressive nitrogen removal: A review [J]. Chemical Engineering Journal, 2024, 482: 148886.

[30] Zheng Y M, Yu H Q, Liu S J, et al. Formation and instability of aerobic granules under high organic loading conditions [J]. Chemosphere, 2006, 63 (10): 1791-1800.

[31] Fan X, Wang C, Kong L, et al. Spatial heterogeneity of EPS-mediated microplastic aggregation in phycosphere shapes polymer-specific Trojan horse effects [J]. Water Research, 2025, 281: 123686.

[32] Sanin S L, Sanin F D, Bryers J D. Effect of starvation on the adhesive properties of xenobiotic degrading bacteria [J]. Process Biochemistry, 2003, 38 (6): 909-914.

[33] Jiang B, Zeng Q, Liu J, et al. Enhanced treatment performance of phenol wastewater and membrane antifouling by biochar-assisted EMBR [J]. Bioresource Technology, 2020, 306: 123147.

[34] Domínguez Chabaliná L, Rodríguez Pastor M, Rico D P. Characterization of soluble and bound EPS obtained from 2 submerged membrane bioreactors by 3D-EEM and HPSEC [J]. Talanta, 2013, 115: 706-712.

[35] Jia F, Yang Q, Liu X, et al. Stratification of extracellular polymeric substances (EPS) for aggregated anammox microorganisms [J]. Environmental Science & Technology, 2017, 51 (6): 3260-3268.

[36] Xu L Z J, Wu J, Xia W J, et al. Adaption and restoration of anammox biomass to Cd(Ⅱ) stress: Performance, extracellular polymeric substance and microbial community [J]. Bioresource Technology, 2019, 290: 121766.

[37] Liu S, Su C, Lu Y, et al. Effects of microplastics on the properties of different types of sewage sludge and strategies to overcome the inhibition: A review [J]. Science of the Total Environment, 2023, 902: 166033.

[38] Tang L, Su C, Chen Y, et al. Influence of biodegradable polybutylene succinate and non-biodegradable polyvinyl chloride microplastics on anammox sludge: Performance evaluation, suppression effect and metagenomic analysis [J]. Journal of Hazardous Materials, 2021, 401: 123337.

[39] van der Star W R L, Miclea A I, van Dongen U G J M, et al. The membrane bioreactor: A novel tool to grow anammox bacteria as free cells [J]. Biotechnology and Bioengineering, 2008, 101 (2): 286-294.

[40] McCarty P L. What is the best biological process for nitrogen removal: when and why? [J]. Environmental Science & Technology, 2018, 52 (7): 3835-3841.

[41] Lackner S, Gilbert M E, Vlaeminck E S, et al. Full-scale partial nitritation/anammox experiences-An application survey [J]. Water Research, 2014, 55: 292-303.

[42] Fan W, Wei B, Zhu Y, et al. Deciphering anammox response characteristics and potential mechanisms to polyethylene terephthalate microplastic exposure [J]. Journal of Hazardous Materials, 2024, 480: 136044.

[43] Gijs J K. Anammox bacteria: from discovery to application [J]. Nature, 2008, 6 (4): 320-326.

8

厌氧氨氧化颗粒污泥对磺胺甲噁唑与聚对苯二甲酸乙二醇酯微塑料的联合胁迫响应机制

8.1 引言

废水中存在不同程度的微塑料（MPs）污染。MPs 会在细胞和环境之间的界面处积累导致底物从胞外到胞内的转运过程受到抑制。有研究表明，MPs 对厌氧氨氧化菌的负面影响表现为微生物多样性丰度显著降低和结构组成改变，从而导致厌氧氨氧化系统的脱氮效率降低。此外，MPs 还可以通过引发微生物细胞中的氧化应激使细胞膜表面皱褶甚至破裂，从而导致细胞功能受损。然而，也有一些研究发现，MPs 有可能促进沉积物中 AnAOB 的生长，促进反硝化和提高 Anammox 系统脱氮性能。

抗生素（ATs）广泛用于医疗和畜牧业。无法代谢或处理的 ATs 会进入天然水体或通过污水管网进入污水处理厂。ATs 可以诱导细菌分泌抗生素抗性基因（ARGs）导致抗生素耐药细菌出现，其存在会影响自然生态和污水处理效率。ATs 会导致 AnAOB 减少使得 Anammox 过程受阻，即使后续环境中抗生素浓度降低，系统脱氮性能也无法恢复，需添加活性高的厌氧氨氧化污泥。ATs 对 Anammox 系统的高效运行带来了巨大的挑战。

综上所述，废水中的 MPs 和 ATs 都会危害 Anammox 系统的稳定。新污染物 MPs 和 ATs 的共存可能具有协同或拮抗作用，二者之间的潜在吸附可能会因其生物利用率和生物放大作用等而引起严重的环境问题。MPs 和 ATs 的相互作用机制和环境行为已成为一个重要的课题。有研究表明，污染水体中存在的 MPs 可作为 ATs 的载体，二者的联合作用可增强 MPs 的毒性。张等研究表明，MPs 纤维在污泥厌氧消化过程中对胞外 ARGs 存在潜在影响，胞外 ARGs 可以通过自然转化被细菌同化从而导致抗生素耐药性细菌的绝对丰度和相对丰度都随 MPs 纤维的暴露而增加。傅等研究发现，聚酰胺 MPs 和舍曲林的共存会显著降低活性污泥的沉降能力，反硝化微生物会受到抑制，代谢功能和参与氮代谢途径的关键酶活性显著降低。王等研究了聚酰胺 MPs 和广谱抗生素头孢氨苄长期胁迫下的 Anammox 的响应机制，结果表明聚酰胺 MPs 能够通过吸附促进头孢氨苄积累，引起 AnAOB 的氧化应激从而导致 Anammox 的性能恶化。

聚对苯二甲酸乙二醇酯微塑料（PET MPs）因其比表面积大、吸附位点丰富，可通过改变污泥孔隙度、表面电荷分布等理化性质增强污染物富集能力，进而干扰微生物代谢网络。同时，磺胺甲噁唑（SMX）作为广谱 ATs，其残留物可通过抑制酶活性及诱导 ARGs 传播，显著削弱脱氮功能菌群的代谢活性。二者复合污染可能通过物理吸附-化学配位作用形成复合载体，改变污染物生物可利用性，但目前其对 Anammox 系统的协同抑制机制尚不明确。本研究以 SMX 与 PET MPs 为对象，探究其复合胁迫对厌氧氨氧化颗粒污泥（AnGS）脱氮性能及胞外聚合物（EPS）特性的影响机制。通过解析 EPS 含量、官能团特征等组分动态变化，阐明二者复合污染对氮代谢的干扰。研究成果可为复杂污染物胁迫下 Anammox 工艺的稳定性调控提供理论依据。

8.2 实验装置与方案

实验所用的 AnGS 均取自实验室长期稳定运行的升流式厌氧污泥床厌氧氨氧化反应器，反应器基质氮浓度（包含 NH_4^+-N 和 NO_2^--N）为 440mg/L，NRR

为 $5.2kg/(m^3 \cdot d)$，污泥中优势菌属为 *Candidatus Kuenenia*。本批次实验采用相同规格的厌氧血清瓶作为 Anammox 反应器，其有效容积为 250mL。各组初始 NH_4^+-N 和 NO_2^--N 浓度分别为 100mg/L 和 120mg/L，pH 设为 7.0 ± 0.2，将 10g 湿重 AnGS 接种于 200mL 模拟污水中进行反应。反应前模拟污水用纯氮气氮吹 10min 去除溶解氧，血清瓶装有密封塞以确保无氧环境。接种污泥的血清瓶放入 35℃ 的恒温摇床中进行避光反应。本批次实验为 SMX 和 PET MPs 的复合组，组内设置平行实验。每个反应周期为 5h，培养 14d，反应器运行过程中进水 NH_4^+-N 和 NO_2^--N 浓度保持不变，定期取样进行后续理化、生物指标分析。具体浓度设置及命名见表 8.1。

表 8.1　PET MPs 和 SMX 暴露实验组设计及浓度梯度

胁迫物质浓度	命名
无（对照）	Con
0.5mg/L SMX＋0.5g/L PET MPs	SMX1P
5mg/L SMX＋0.5g/L PET MPs	SMX2P
50mg/L SMX＋0.5g/L PET MPs	SMX3P
100mg/L SMX＋0.5g/L PET MPs	SMX4P
200mg/L SMX＋0.5g/L PET MPs	SMX5P

实验所用的模拟污水由底物、矿物元素和微量元素组成。以 NH_4Cl 和 $NaNO_2$ 为氮源，为模拟污水提供 NH_4^+-N 和 NO_2^--N。通过添加 Na_2CO_3 将溶液的 pH 维持在 7.0 ± 0.2。模拟污水的成分为：0.025g/L KH_2PO_4、1.25g/L $KHCO_3$、0.2g/L $CaCl_2 \cdot 2H_2O$、0.2g/L $MgSO_4 \cdot 7H_2O$、0.005g/L $FeSO_4$ 和 0.005g/L EDTA-2Na。还包括表 8.2 中提到的微量元素，以 1mL/L 模拟污水比例加入。实验中使用的所有试剂均为分析纯。

表 8.2　模拟污水中的微量元素

物质	浓度/(g/L)	物质	浓度/(g/L)
EDTA-2Na	5	$Na_2MoO_4 \cdot 2H_2O$	0.22
$ZnSO_4 \cdot 7H_2O$	0.43	$NiCl_2 \cdot 6H_2O$	0.19
$CoCl_2 \cdot 6H_2O$	0.24	$CuSO_4 \cdot 5H_2O$	0.25
$MnCl_2 \cdot 4H_2O$	0.99	H_3BO_4	0.014

8.3 分析检测指标及方法

8.3.1 常规水质检测指标

本实验中水质指标参照《水和废水监测分析方法（第四版）》进行检测。具体分析项目及测定方法见表 8.3。

表 8.3 常规检测指标及方法

检测指标	检测方法
氨氮	纳氏试剂分光光度法
亚硝酸盐氮	N-(1-萘基)-乙二胺分光光度法
溶解氧	便携式溶解氧测定仪
pH	便携式 pH 计

实验中氮负荷（NLR）、氮去除负荷（NRR）、氮去除效率（NRE）按下列公式计算：

$$NLR = \frac{24 C_{TNinf}}{1000 HRT} \tag{8.1}$$

$$NRR = \frac{24 (C_{TNinf} - C_{TNeff})}{1000 HRT} \tag{8.2}$$

$$NRE = \frac{C_{TNinf} - C_{TNeff}}{C_{TNinf}} \times 100\% \tag{8.3}$$

式中，NLR 表示氮负荷，$kg/(m^3 \cdot d)$；NRR 表示氮去除负荷，$kg/(m^3 \cdot d)$；NRE 表示氮去除效率，%；C_{TNinf} 表示进水总氮浓度，mg/L；C_{TNeff} 表示出水总氮浓度，mg/L；HRT 表示水力停留时间，d。

8.3.2 比厌氧氨氧化活性测定

对 AnGS 进行分批培养测定比厌氧氨氧化活性。称取每个反应器 5.0g 湿重的污泥，加入 100mL 的模拟污水，在 100mL 的厌氧血清瓶中进行反应，其中氨氮和亚硝酸盐氮的浓度分别为 100mg/L、120mg/L。反应前对每个反应器充氮气 10min 确保无氧环境，反应器避光在恒温摇床内以 35℃、130r/min 培养。每隔 1h 用一次性针管注射器采集反应器内水样进行氮浓度分析，直至亚硝酸盐氮耗尽。以取样时间（h）和出水氮浓度（mg/L）作关系曲线图，根据

式 (8.4)、式 (8.5) 计算，单位为 mg/(g·d)。

$$SAA_{NH_4^+} = \frac{C_{NH_4^+,inf} - C_{NH_4^+,eff}}{MLVSS \times \frac{T}{24}} \quad (8.4)$$

$$SAA_{NO_2^-} = \frac{C_{NO_2^-,inf} - C_{NO_2^-,eff}}{MLVSS \times \frac{T}{24}} \quad (8.5)$$

式中，$SAA_{NH_4^+}$ 表示氨氮的比厌氧氨氧化活性；$SAA_{NO_2^-}$ 表示亚硝酸盐氮的比厌氧氨氧化活性；$C_{NH_4^+,inf}$ 和 $C_{NO_2^-,inf}$ 表示氨氮和亚硝酸盐氮的进水浓度，mg/L；$C_{NH_4^+,eff}$ 和 $C_{NO_2^-,eff}$ 表示氨氮和亚硝态氮的出水浓度，mg/L；MLVSS 表示生物污泥浓度，g/L；T 表示时间，d。

污染物暴露下 SAA 的影响以相对厌氧氨氧化活性 (RAA) 表示，根据式 (8.6) 计算。

$$RAA = \frac{SAA_i}{SAA_0} \times 100\% \quad (8.6)$$

式中，SAA_i 表示各实验组的 SAA 值；SAA_0 表示对照组的 SAA 值。

8.3.3　扫描电子显微镜表征

采用扫描电子显微镜 (SEM) 对反应器结束后的 AnGS 进行检测。

选取反应器中粒径小且均一的颗粒污泥转移至离心管中，按照以下步骤进行预处理。①清洗：用去离子水重复清洗颗粒污泥 3 次，弃去上清液，随后用磷酸盐缓冲液 (pH=7.0) 冲洗 3 次去除污泥表面残留杂质。②固定：加入 2.5% 的戊二醛溶液，完全浸没样品后于 4℃冰箱静置固定 4~12h，固定结束后用磷酸盐缓冲液冲洗 3 次去除固定剂。③梯度脱水：依次采用浓度 50%、70%、80%、90% 的无水乙醇进行梯度脱水，每级浸泡 10~15min，随后用浓度 100% 无水乙醇脱水 3 次，每次 10~15min。④置换处理：用无水乙醇-乙酸异戊酯 (1:1，体积比) 混合溶液、100% 乙酸异戊酯进行置换处理，每次 10~15min，以降低样品的表面张力，避免临界点干燥过程中的结构损伤。⑤冷冻干燥：将样本用液氮速冻或者置于 -80℃超低温冰箱中冷冻 4~24h，由于无水乙醇的凝固点为 -114℃，上一步中需要确保置换去除无水乙醇以确保样本的凝固需求，最后将样本迅速移入预冷至 -50℃的真空冷冻干燥机中，启动真空泵，干燥 24~48h。

SEM 观察：将制好的样本固定在导电样品台上，用金薄层溅射仪镀膜，其参数根据样本特性与检测目标优化，最后使用 SEM 观察样本。

8.3.4 生物量测定

MLVSS 表示混合液中挥发性悬浮固体的总量，主要为有机物，通过高温灼烧去除有机物后计算差值。

实验步骤：①烘干，提前将滤膜在 105℃烘箱中干燥 2h，取出在干燥器中冷却至室温，称量至恒重，记为 m_0；②过滤，使用干燥后的滤膜，将污泥抽滤至滤膜表面无游离水分；③洗涤，用去离子水冲洗滤膜及样品 3 次，彻底去除溶解性无机盐；④烘干，105℃烘箱干燥 3h，确保颗粒内部水分完全蒸发，取出在干燥器中冷却至室温，称量至恒重，记为 m_1；⑤高温灼烧，将马弗炉设置为 600℃，灼烧 1h 后取出在干燥器中冷却至室温，称量至恒重，记为 m_2。用式（8.7）计算样本的 MLVSS。

$$\text{MLVSS} = \frac{m_1 - m_0 - m_2}{V} \tag{8.7}$$

式中，V 表示取样污泥的体积，L。

8.3.5 胞外聚合物的提取与测定

松散结合型胞外聚合物（LB-EPS）和紧密结合型胞外聚合物（TB-EPS）的提取采用热提取法进行，提取步骤如下。

① 取处理后的 AnGS，用 0.05% NaCl 溶液离心（3000r/min，5min，4℃）去除残留底物及游离杂质。

② 预处理后的颗粒污泥悬浮液用加热至 70℃ 0.05% NaCl 溶液定容，将颗粒污泥轻轻研磨，旋涡振荡（1500r/min，1min）使颗粒松散但保持细胞完整。4℃、6000r/min 离心 10min。收集上清液，用 0.22μm 滤膜过滤后得到 LB-EPS，暂时放置于 4℃冰箱保存待分析。

③ 去除上清液后的污泥继续用 0.05% NaCl 溶液稀释至原有体积，60℃下水浴 30min，然后 6000r/min 离心 15min，收集上清液，用 0.22μm 滤膜过滤后得 TB-EPS，暂时放置于 4℃冰箱保存待分析。

④ EPS 主要包括蛋白质（PN）、多糖（PS）等高分子化合物，以 PS 和 PN 含量之和作为 EPS 总量。PN 浓度采用考马斯亮蓝法测定，PS 浓度以葡萄

糖为标准品采用蒽酮-硫酸分光光度法测定。

8.3.6 傅里叶变换红外光谱分析

傅里叶变换红外光谱可揭示 EPS 中的主要官能团及其与环境介质间的相互作用。将 EPS 提取液在−80℃超低温冰箱冷冻 4～12h，然后用真空冷冻干燥机干燥 24～48h 获得 EPS 的冻干粉末。取 1mg EPS 冻干粉末与 100mg 干燥溴化钾（光谱纯）充分混合研磨后压片。用傅里叶变换红外光谱仪对样品压片进行分析，扫描范围为 4000～400cm^{-1}。利用 Origin2021 软件绘制傅里叶变换红外光谱图。

8.3.7 三维荧光光谱表征

本实验采用三维荧光光谱对从污泥中提取的 LB-EPS 和 TB-EPS 的荧光特性进行分析，处理前先将 EPS 样品进行 TOC 检测，并根据检测结果将 EPS 稀释一定倍数以保证符合检测浓度要求。荧光分光光度计配备有 150W 的氙灯和 700V 的 PMT 电压作为激发光源，激发和发射的狭缝宽设置为 10nm，扫描波长分别为：激发波长 $Ex=220～450nm$，发射波长 $Em=220～600nm$。激发波长和发射波长的增量均为 5nm，扫描速度为 12000nm/min，光电倍增管电压为 500V。样品测定以双蒸水为空白扣除背景。得到最终数据后，利用稀释倍数和 MLVSS 浓度对数据进行计算，使用 Origin2021 软件绘制三维荧光光谱等高线图，分析单位质量污泥样品 EPS 中有机物的组成特征。

8.3.8 高通量测序

本研究利用高通量测序技术对 AnGS 暴露于 PET MPs 和 SMX 下的样品进行分析，污泥样本编号与前述分析中编号相同，每组实验设置为 3 个平行样本，研究在不同浓度污染物复合污染条件下微生物群落结构和丰度的变化关系。具体步骤为：

① 样品预处理：从实验结束后的反应器中取出一定量的污泥，用去离子水清洗 3 次后离心（11000r/min，10min，4℃），弃上清液，放入−80℃超低温冰箱保存待测。

② DNA 提取：样品中加入无菌水，重新稀释至 10mL，使用旋涡振荡器混合均匀，上述流程重复进行 3 次。使用 DNA 提取试剂盒（Omega Bio-tek，美国）提取 DNA，结束后用琼脂糖凝胶电泳检测 DNA 完整性。

③ PCR 扩增：以上述提取的 DNA 为模板，使用携带 Barcode 序列的上游引物 338F（5′-ACTCCTACGGGAGGCAGCAG-3′）和下游引物 806R（5′-GGACTACHVGGGTWTCTAAT-3′）对 16S rRNA 基因 V3～V4 可变区进行 PCR 扩增。使用 2% 琼脂糖凝胶回收 PCR 产物，利用 DNA 凝胶回收纯化试剂盒（PCR Clean-Up Kit，中高逾华生物技术有限公司，中国）进行回收产物纯化，并用 Qubit 4.0（赛默飞，美国）对回收产物进行检测定量。

④ 上机测序：将样品在 Illumina Miseq™ 平台上进行测序和建库分析，基于 Sliva 16S rRNA 基因数据库，使用 Qiime2 中的 Blast 分类器对 ASVs 进行物种分类学分析，所有的数据分析均通过美吉生物云平台实现数据可视化。

8.4　磺胺甲噁唑与聚对苯二甲酸乙二醇酯微塑料复合胁迫对脱氮性能的影响

8.4.1　脱氮性能分析

对批次污泥进行驯化培养，使每个小型反应血清瓶中的总氮出水浓度和去除效率达到稳定值，再对反应系统中的污泥进行 14d 的培养。添加污染物前，系统 NH_4^+-N 和 NO_2^--N 平均出水浓度分别为 11.3mg/L 和 9.1mg/L，NRE 分别为 89.7%±1.17%、92.45%±0.53%。NO_2^--N 与 NH_4^+-N 消耗量之比 R_s 值接近理论值，表明此时的 Anammox 反应在系统中占主导。随后向各反应器内同时添加 SMX 和 PET MPs，图 8.1 显示了 14d 不同浓度 SMX 和 PET MPs 对 AnGS 反应器 NH_4^+-N 和 NO_2^--N 出水浓度、TNRE 以及 R_s 值的影响。

从图 8.1 中可以看出，对照组的氨氮和亚硝酸盐氮出水浓度较为稳定，并且与实验组相比，NH_4^+-N（12.0mg/L）和 NO_2^--N（8.4mg/L）出水浓度最低，这证明对照组经过 14d 的反应后，反应器仍有稳定的 Anammox 处理效率。随着 SMX 浓度的提升，复合污染对污泥 NH_4^+-N 和 NO_2^--N 的去除表现出更大的抑制作用。其中，NH_4^+-N 出水浓度由 SMX1P 组的 13.4mg/L 增加至 SMX5P 组的 16.9mg/L，NO_2^--N 出水浓度由 8.4mg/L 增加至 20.4mg/L。对照组和 5 个实验组的总氮去除效率依次为 91.7%、88.0%、86.5%、83.7%、82.8%、82.9%。此外，对比第 7 章数据分析发现，浓度最高的 200mg/L SMX 与 0.5g/L PET MPs 的共同胁迫导致系统 NRE 相比对照组降低 8.8%，而 200mg/L SMX 与 0.5g/L PET MPs 单独胁迫使系统 NRE 分别降低 12.1%、4.0%。SMX 和 PET MPs 对污泥中氮的去除联合抑制作用低于二者单独抑制之和，说明 5～200mg/L SMX 和 0.5g/L PET MPs 对 AnGS 脱氮性能具有拮抗抑制作用。这可能是因为 MPs 具有大的比表面积，可以作为 ATs 等多种有机物的吸附载体。如果 MPs 对 ATs 具有较强的吸附能力，则会降低 ATs 的生物利用度，从而降低对生物体的毒性，产生拮抗作用。这些相互作用可以改变污染物的环境行为和毒性效应。

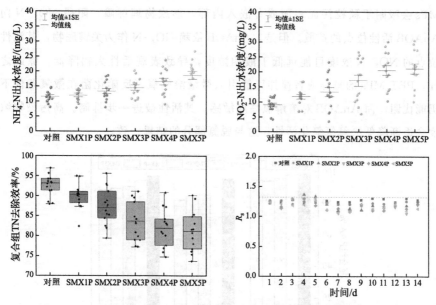

图 8.1　SMX 与 PET MPs 复合暴露对厌氧氨氧化系统脱氮性能的影响

此外，可观察到对照组的 R_s 值基本保持稳定且略小于理论值，这可能是因为本实验进水 NH_4^+-N 和 NO_2^--N 比例按照 1:1.2 投加，亚硝酸盐氮成为限制因素，所以存在 NH_4^+-N 和 NO_2^--N 的消耗比值略小于理论值 1.32 的情况。而实验组的 R_s 值在后期有减小趋势，逐渐接近于 1.0。这说明相比于 AnAOB，污泥中的反硝化菌对 SMX 的耐受性更高，从而导致 AnAOB 代谢降低，无法充分利用 NO_2^--N，导致亚硝酸盐残留，而氨氮的消耗减少。另外，在 SMX 抑制 AnAOB 的同时，PET MPs 可能促进反硝化菌的生长，导致反硝化菌占据更多的亚硝酸盐进行反硝化作用，系统中 Anammox 反应占比减小或者不再主导。此时，AnAOB 由于活性被抑制，NH_4^+-N 消耗大幅减少，反硝化过程中 NO_2^--N 被还原为 N_2。当 SMX 浓度过高时，反硝化菌活性也会受到影响，所以 R_s 值减小。

8.4.2 比厌氧氨氧化活性分析

反应周期结束时测试各反应器 AnGS 的 SAA。以对照组为参考，各反应器 RAA 如图 8.2 所示。观察实验结果发现，SMX1P、SMX2P、SMX3P、SMX4P 以及 SMX5P 5 个实验组 RAA 分别降低了 3.3%、6.4%、10.1%、11.2%和12.2%。此外，观察到 SAA（NO_2^-）比 SAA（NH_4^+）低，说明污泥中微生物对 NO_2^--N 的利用率较低。从污染物对污泥结构影响的角度来说，MPs 会吸附于颗粒污泥表面或者嵌入内部，形成物理屏障，阻碍 NO_2^--N 向 AnAOB 活性位点的扩散。但是，AnAOB 依赖 NO_2^--N 作为关键底物，其活性位点的 NO_2^--N 浓度可能远低于液相浓度，导致表观活性大幅降低。除此之外，PET MPs 的悬浮或者搅拌可能引入微量溶解氧，反硝化菌在微氧条件下仍能代谢，而 AnAOB 对溶解氧高度敏感，其活性被进一步抑制。高污染物浓度会逐渐降低厌氧氨氧化活性，这与脱氮部分的结果一致。

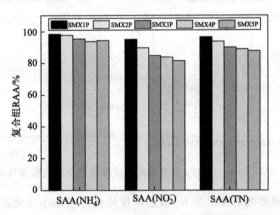

图 8.2　SMX 与 PET MPs 复合胁迫下 AnGS 相对厌氧氨氧化活性

8.5 磺胺甲噁唑与聚对苯二甲酸乙二醇酯微塑料复合胁迫对污泥形态变化的影响

在 0.5g/L PET MPs 与 5mg/L、200mg/L SMX 复合胁迫下厌氧颗粒污泥照片如图 8.3 所示，可以在颗粒表面周围观察到白色 MPs 颗粒，污泥颜色由棕红色变为深红色。独特的红色是由 AnAOB 分泌的细胞色素 C 引起的，所以污泥颜色可以表明厌氧氨氧化活性高。低浓度的复合污染使得污泥整体结构变得松散，颗粒大小不均匀，高浓度的复合污染使污泥颗粒明显结块并且硬化，在颗粒表面观察到成片的白色物质。这可能是由于 PET MPs 以颗粒或纤维形式嵌入污泥中，表面吸附抗生素成为聚集的污染点，宏观可见污泥颗粒表面凹凸不平和局部塌陷状况。状态良好的厌氧颗粒污泥内部呈现分层结构，外层为活跃的 AnAOB 聚集区，内层为休眠菌体，孔道结构清晰。在经过复合污染物胁迫后，污泥空隙被 PET MPs 堵塞同时 AnAOB 受到抗生素胁迫，细胞变形或破裂，变形菌门等耐药菌和异养菌数量可能增加。

彩图

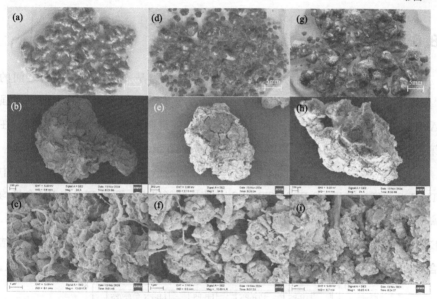

图 8.3　厌氧氨氧化颗粒污泥多尺度形貌特征

(a)～(c) 对照组，(d)～(f) SMX2P，(g)～(i) SMX5P

　　实验结束后用扫描电子显微镜低倍下观察污泥表面，PET MPs 和 SMX 浓度升高使污泥表面存在凹凸不平的现象，这可能是 PET MPs 老化粗糙表面与污泥接触的结果。对照组中 AnGS 表面呈花椰菜状和球形的占比更高，这是属于 AnAOB 的特征形态。同时，一些丝状细菌与 AnAOB 共存，它们在 Anammox 系统中也发挥着重要作用，为 AnAOB 的聚集提供了支架，从而提高脱氮性能。AnAOB 表面附着大量 EPS，将各种细菌和细菌聚集体包封连接，使其紧密结合，抵抗环境波动。在 SMX2P 组的电镜图中，由于受到外界不良环境的影响，AnGS 内部结构形成的水流或气体通道有助于促进 Anammox 反应的传质效果。此外，在SMX5P组中观察到，细菌出现团聚现象，但是与对照组的团聚状态不同，缺少传质通道，细菌结合更紧密，且表面有PET MPs包裹，可能是PET MPs进入了颗粒污泥内部。这会对细菌活性造成影响，使得系统脱氮性能下降。

8.6 磺胺甲噁唑与聚对苯二甲酸乙二醇酯微塑料复合胁迫对胞外聚合物含量及组成的影响

8.6.1 胞外聚合物含量分析

EPS对细菌抵抗污染物胁迫至关重要，被认为是周围环境与细菌之间的"分界带"，对维持污泥的结构和稳定性起着至关重要的作用。EPS可以增强AnGS的疏水性，降低污泥表面的负电斥力，促进微生物聚集和污泥造粒。在第14天测定SMX和PET MPs复合胁迫对Anammox污泥EPS分泌的影响。

实验结束后测定样本的LB-EPS与TB-EPS含量如图8.4所示。样本中TB-EPS浓度远高于LB-EPS，TB-EPS比例占60%以上。两层EPS中PN含量均高于PS含量。PN和PS是EPS的主要成分，其所占比例通常高达70%~80%。EPS中的大多数PN是运输小分子的重要介质，在以往的研究中显示出较强的结合能力。PN的这一功能有利于结合抗生素，进一步缓解AnAOB的抗生素应激。

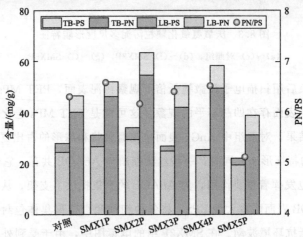

图8.4 SMX和PET MPs复合胁迫下胞外聚合物含量与PN/PS值变化特征

与对照组相比，SMX5P 的总 EPS 含量下降了 18.74%。这可能是由于在 PET MPs 和 SMX 共毒性冲击下污泥结构稳定性和代谢活性恶化，微生物分泌的 EPS 减少。SMX1P～SMX4P 组的 PN/PS 上下浮动，说明污染物胁迫改变了污泥 EPS 的 PN 和 PS 含量结构。PN 解释了大多数 EPS 可以通过多个官能团提供吸附结合位点，吸附 SMX 和四环素类抗生素。在低浓度污染下，污泥首先通过分泌 EPS 来抵御外界环境。但是在毒性超出阈值的环境条件下，微生物活性变弱会降低 EPS 的分泌。PS 的降低可能降低颗粒内部的黏附力，导致颗粒由大到小逐渐解离。此外，PN/PS 值通常用来反映颗粒的性质和聚集程度。提高污泥的 PN/PS 值可以改善污泥的相对疏水性，并为微生物提供保护。但是当外界环境恶化时，PN/PS 值可能会降低，这与本实验结果相符。综上所述，EPS 对 AnAOB 具有重要的保护作用。

8.6.2　胞外聚合物傅里叶变换红外光谱分析

经 FTIR 表征发现，颗粒污泥表面分布着丰富的特征官能团，通过对其表面官能团的表征分析，能够有效揭示污泥颗粒的理化特性。本研究采用 FTIR，对经过 14 天 SMX 和 PET MPs 复合暴露的 5 个污泥样品两层 EPS 进行了检测。根据分子振动频率与化学键结构的对应关系，红外光谱特征区域主要包含化学基团识别区及指纹识别区两部分。$1800\sim600\,\mathrm{cm}^{-1}$ 区域的 FTIR 能够提供关于 EPS 官能团的主要信息。指纹区主要由芳香族氨基酸和核酸基团的振动产生，鉴于指纹区吸收峰易受多种环境因素干扰，其谱图解析存在较大不确定性，故本次研究未将该区域数据纳入分析依据。

如图 8.5 所示，在官能团区，蛋白质酰胺 I 类 N—H 以及 C＝O 对称伸缩振动峰（$1680\sim1630\,\mathrm{cm}^{-1}$），芳香族类 C＝C 伸缩振动峰（$1600\sim1500\,\mathrm{cm}^{-1}$）以及脂肪族类 C—H 的弯曲振动峰（$1450\sim1380\,\mathrm{cm}^{-1}$），蛋白质酰胺 III 类 C—N 和 N—H 的伸缩振动峰（$1300\sim1200\,\mathrm{cm}^{-1}$），酯类物质中 C—O、C—C 伸缩振动峰和 C—O—C、C—O—H 变形振动峰（$1150\sim1000\,\mathrm{cm}^{-1}$）均在 EPS 光谱图中观察到。蛋白质酰胺 I 是一种特殊类型的肽键，在 PN 合成中起重要作用，这与 PN 含量的变化一致。除此之外，蛋白质特异性 C—H 拉伸振动吸收峰（$2938\sim2920\,\mathrm{cm}^{-1}$）、O—H 拉伸振动峰（$3065\,\mathrm{cm}^{-1}$）以及醇类化合物 O—H 吸收峰（$3600\sim3200\,\mathrm{cm}^{-1}$）也被观察到，这可能与 EPS 样品主要由 PN 和 PS 类物质组成有关。氢键作为 EPS 中主要的内聚力之一，羟基含量与颗粒污泥

的亲水性密切相关，羟基含量降低代表了 AnGS 疏水性增强，在促进污泥聚集和维持污泥结构方面发挥着重要作用。

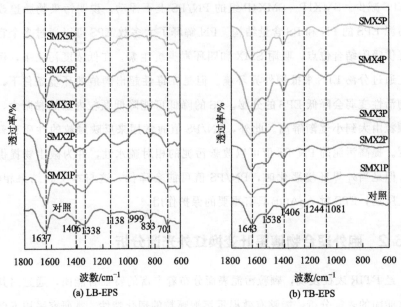

图 8.5　EPS 傅里叶变换红外光谱官能团解析

红外光谱图显示 C=O、O—H、O—C—O 在受到胁迫后发生了明显的变化，表明 EPS 发生了变化。EPS 在 $1406cm^{-1}$ 和 $1081cm^{-1}$ 处分别含有羧基和 PS。TB-EPS 较 LB-EPS 在 $1081cm^{-1}$ 处显示出更多的多糖振动，随 SMX 浓度的增加其峰强也在增加，表明 SMX 与 PET MPs 的加入使污泥 EPS 中 PS 含量增加，并且 TB-EPS 中的 PS 水平更高。LB-EPS 在约 $999cm^{-1}$ 处显示出不对称的 O—P—O 伸缩振动，表明 LB-EPS 中可能存在含磷物质。

一般来说，EPS 具有不同种类的官能团和极性基团，这有利于污泥聚集形成颗粒污泥。EPS 中的羧基、氨基和羟基是与抗生素反应的主要官能团，可有效吸附降解抗生素。与对照组相比，SMX3P 组峰强度略有增加，表明在 SMX 和 PET MPs 复合暴露下 EPS 中部分官能团含量增加，但是由于峰位置基本没有变化，说明同时加入 SMX 和 PET MPs 没有改变污泥 EPS 的主要基团，只是改变了 EPS 中物质的结构占比从而抵抗外界不利的环境压力。废水中 MPs 的表面粗糙度和结晶度等物理性质会发生变化，导致化学键断裂，增加表面含氧官能团，增强表面亲水性，影响 MPs 对污染物的吸附能力和作用机制。此外，PS 可以通过氢键和疏水作用与 PN 的酰胺键结合，增强 PN 在环境变化下的稳定性。复合胁迫对颗粒污泥 EPS 含量的影响不明显，但是对性质影响较大。

8.6.3 胞外聚合物三维荧光光谱表征

为进一步解析 AnGS 的 EPS 组分多样性及功能特性间的关联，对 SMX 与 0.5g/L PET MPs 复合暴露后的污泥 EPS 中的荧光基团进行 3D-EEM 分析，见图 8.6。在 EPS 的荧光光谱图中可以明显地识别出 3 个荧光峰，分别是区域 Ⅰ 酪氨酸类蛋白（Ex/Em：220~250nm/280~330nm）、区域 Ⅱ 色氨酸类蛋白（Ex/Em：220~250nm/330~380nm）和区域 Ⅳ 类溶解性微生物代谢类物质（Ex/Em：250~400nm/280~380nm），荧光峰的相关信息见表 7.5。

彩图

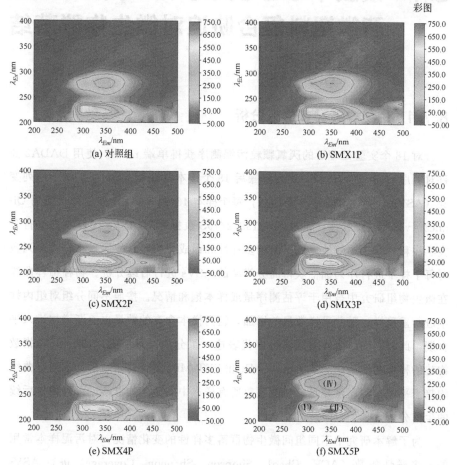

图 8.6　TB-EPS 三维荧光光谱响应特征

实验组 LB-EPS 出现的荧光峰强度不高，TB-EPS 的荧光峰强度较高，说明 PN 主要分布在 TB-EPS 中。SMX 和 PET MPs 刺激并没有改变 EPS 的组成。在实验组中，随污染物质浓度增加，色氨酸类蛋白区域强度变化明显，酪氨酸次之。酪氨酸能够促进微生物聚集，而色氨酸与 EPS 中的芳环氨基酸有关。说明 SMX 和 PET MPs 刺激了蛋白质的分泌，提高 PN 在 EPS 中的占比，有效调节 EPS 结构，形成致密化蛋白质的二级结构，从而提高 EPS 抵抗不良环境的能力。类溶解性微生物代谢类物质的峰强也随复合污染浓度增加而增加，而细胞的死亡裂解才会产生类溶解性微生物代谢类物质。EPS 结构发生转变时，微生物更有利于抵御污染物的入侵，这也是细胞进行自我调控的结果。

8.7 磺胺甲噁唑与聚对苯二甲酸乙二醇酯微塑料复合胁迫对微生物群落结构的影响

8.7.1 生物群落 α 多样性分析

对 18 个实验处理后的厌氧颗粒污泥测序获得单端 reads。使用 DADA2 插件对测序 reads 进行降噪，序列降噪后 18 个样本共获得 3089 个扩增子序列变异（ASVs），产生 1038518 条序列，每个样本 46494～85121 条序列。使用 Qime2（v2022.2）软件，通过 Silva138.2/16S 数据库对 ASVs 代表序列进行分类学注释，为了更好地完成下游的多样性和组成分析等，按照最小样本序列数对每个样本进行序列抽平获得高分辨率的 ASVs 进行后续分析。物种稀释曲线在微生物组研究中被用于评估测序量或样本饱和情况。按照不同分组对组内样本进行重采样，随着采样数量的增加，组内样本含有的数量也逐渐增加进入平台期，此时表明组内样本数量可以代表这一组分的群落组成。基于 Sobs 指数构建的稀释曲线如图 8.7 所示，SMX 和 PET MPs 复合暴露后的样本稀释曲线均趋于平缓，测序量充足，能够覆盖所有样本中的微生物群落，可以用作后续的生信分析。

为了解本研究中不同组间微生物群落多样性的变化情况，对污泥样本常用的 α 多样性指数（ACE、Chao1、Simpson、Shannon、Coverage）进行 ASVs 水平上的统计分析，样本数据结果见表 8.4。数据分析结果表明，18 个生物样本 Coverage 指数值均大于 0.99，表明本研究的生物样本有较高的覆盖率，能够较好地反映样本的实际情况。ACE 指数和 Chao1 指数的样本均值都低于对

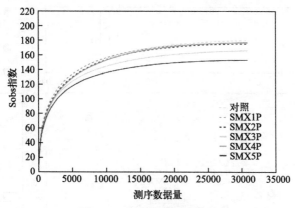

图 8.7　Sobs 指数稀释曲线

照组，表明 PET MPs 与 SMX 的复合污染降低了污泥中物种群落丰富度，PET MPs 或者 SMX 对某些细菌存在毒性影响。与对照组相比，持续暴露在 PET MPs 与 SMX 的复合污染的样本 Shannon 指数下降，表明二者的加入降低了微生物群落多样性。

表 8.4　α 多样性指数

样本	ACE	Chao1	Shannon	Simpson	Coverage
对照	182.4927	180.9457	2.8125	0.1489	0.9997
SMX1P	176.9576	176.1736	2.7949	0.1617	0.9999
SMX2P	175.2591	174.3333	2.7279	0.1665	0.9999
SMX3P	167.9543	166.3227	2.5455	0.2193	0.9998
SMX4P	177.6019	176.4807	2.6923	0.1867	0.9998
SMX5P	153.6315	152.8562	2.5270	0.2029	0.9999

8.7.2　生物群落 β 多样性分析

　　β 多样性利用各样本丰度信息来计算样本间距离或相似性，通过距离反映样本组间是否具有显著的微生物群落差异。微生物群落结构在实验过程中不断变化，因此采用主坐标分析（PCoA）比较对照组和实验组之间的细菌群落多样性，基于 β 多样性测量群落之间的差异，如图 8.8 所示。

　　图中每个点代表一个样本，不同颜色点代表不同的实验分组，点间距离反映样本在原始距离矩阵中的差异，距离越近表明样本间相似性越高。在主坐标分析图中，两个主要轴（PC1 和 PC2）总共贡献了 62.89% 的方差。对照组在

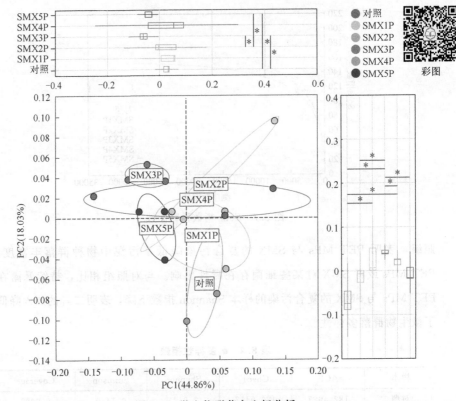

图 8.8 微生物群落主坐标分析

PC1 轴下侧和 PC2 轴右侧，复合组沿 PC1 轴左侧和 PC2 轴上方分散，SMX1P 组和对照组样本间距离最近，说明其群落结构变化最小，对污泥影响最小。随着复合组 SMX 浓度增加，样本间距在 50mg/L 达到最大值，后逐渐减小，表明复合组 SMX 浓度对群落结构的影响并非正相关。

8.7.3 物种组成及差异分析

常规厌氧氨氧化系统微生物群落在门水平上包括绿弯菌门（Chloroflexi）、浮霉菌门（Planctomycetes）、拟杆菌门（Bacteroidetes）、变形菌门（Proteobacteria）和硝化螺旋菌门（Nitrospirae）等。在属水平上常见的有 *Candidatus Brocadia*、*Candidatus Kuenenia*、*Candidatus Jettenia*、*Candidatus Scalindua*、*Candidatus Anammoxglobus* 和 *Candidatus Anammoximicroum* 等 6 个。目前为止，*Candidatus Kuenenia*、*Candidatus Brocadia*、*Candidatus Jettenia* 和 *Candidatus Scalindua* 已被证明具有优异的电活性。在本次实验中，微生物群落门水平上的相对丰度如图 8.9（a）所示。对照组微生物群落门水

平上丰度由高到低排序前五名为 Planctomycetes、假单胞菌门（Pesudomona-dota）、Chloroflexi、髌骨细菌门（Patescibacteria）和 Bacteroidetes，相对丰度占比依次为 34.12％、25.85％、24.11％、4.56％、4.02％。在 Anammox 反应器中，AnGS 中的核心功能菌群主要属于 Planctomycetes。而实验中显示的 Pesudomonadota、黏球菌门（Myxococcota）和蛭弧菌门（Bdellovibrionota）原本都属于变形菌门（Proteobacteria），近几年逐渐被独立出来。由于 AnAOB 需要亚硝酸盐作为底物，Pesudomonadota 将硝酸盐还原为亚硝酸盐提供 NO_2^- 是利于 Anammox 反应的，但是 Pesudomonadota 若将硝酸盐完全反硝化还原为氮气，则可能会与 AnAOB 竞争底物。

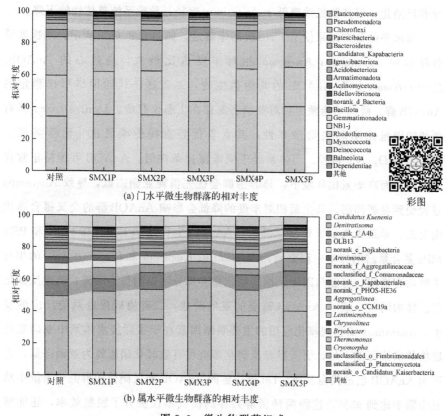

(a) 门水平微生物群落的相对丰度

彩图

(b) 属水平微生物群落的相对丰度

图 8.9 微生物群落组成

在 SMX 和 PET MPs 的复合实验组中，Planctomycetes 在 SMX1P、SMX2P、SMX3P、SMX4P 和 SMX5P 中的相对丰度分别为 35.53％、35.42％、44.05％、38.31％、41.32％，比对照组均有提升。Planctomycetes 的丰度上升可能源于 AnGS 对 SMX 的部分耐受性，但是由于核心功能基因表达或者 AnAOB 酶活

性被 SMX 抑制，系统表现为脱氮性能下降。实验在胁迫初期观察到浮霉菌门丰度上升可能源于生物应激性增殖，长期暴露可能导致功能菌丰度降低，丰度变化会滞后于脱氮性能的表达。除此之外，实验组的 Pesudomonadota 也存在增加趋势，而 Chloroflexi 相对丰度比对照组小。有研究表明，PET MPs 表面附着的有机物或降解产物可以作为碳源被部分反硝化菌利用。Chloroflexi 的丝状菌可能因 PET MPs 的物理干扰无法有效维持污泥颗粒结构。一方面，PET MPs 表面粗糙结构利于 Proteobacteria 和 Planctomycetes 形成生物膜，而多为游离或絮体附着菌的 Chloroflexi 会因缺乏附着位点被淘汰。另一方面，Proteobacteria 中某些反硝化菌可能利用 PET MPs 表面吸附的溶解性有机物进行异养反硝化，但其脱氮效率低于 Anammox 途径，导致系统整体性能下降。

属水平的分类结果使用 Sliva 数据库确定，如图 8.9（b）所示。本次实验各样本中 *Candidatus Kuenenia* 相对丰度占比最大，是核心的 AnAOB。*Denitratisoma* 作为 AnAOB 的共生微生物，二者基于代谢网络形成稳定的 AnAOB 群。两类功能微生物对亚硝态氮存在生态位竞争。*Denitratisoma* 具有更快的增殖速率和底物亲和性，其竞争优势直接受碳氮比［化学需氧量 (COD)/NO_2^--N］调控。当体系处于低碳氮比条件时，AnAOB 可维持正常代谢活性；而高碳氮比环境下，异养菌群会优先消耗亚硝态氮，导致 Anammox 过程受到显著抑制。共生菌相对丰度的降低会影响 AnAOB 群的交叉摄食和代谢交换，导致厌氧氨氧化活性降低，AnAOB 生长速率下降。在 SMX 和 PET MPs 复合暴露的样本中观察到，*Candidatus Kuenenia* 和 *Denitratisoma* 的相对丰度均有增加，可能归因于系统反硝化菌将部分污染物作为碳源，刺激反硝化菌活性的同时生成了 AnAOB 需要的亚硝酸盐，二者协同促进系统反应的发生。Anammox 工艺规模化应用的主要限制因素在于实际废水体系中亚硝酸盐底物的供给可能不足。引入异养反硝化菌群可有效转化硝态氮为亚硝态氮，进而为 AnAOB 创造代谢基质。Du 等构建的 AnAOB 和反硝化菌群共生系统中总氮去除率达到 95%。这种两种菌群共存的模式不仅提升了脱氮效率，还能够一定程度缓解有机物对 AnAOB 的抑制效应。

8.8 本章小结

本章通过采用 0.5～200mg/L 梯度浓度 SMX 与 0.5g/L 固定浓度 PET

MPs 的复合暴露，结合脱氮性能、污泥形态、EPS 组成与功能表征等多维度分析，揭示了二者复合胁迫对 Anammox 系统脱氮效率、污泥活性及胞外聚合物特性的作用机制，得出以下结论。

① 复合脱氮性能：SMX 与 PET MPs 的复合胁迫显著抑制了 Anammox 系统的脱氮效率，总氮去除率随 SMX 浓度升高从 91.7％到 82.9％呈梯度下降。然而，复合抑制效应低于二者单独抑制效应之和，表明高浓度 SMX（5～200mg/L）与 PET MPs 对 Anammox 活性抑制存在拮抗作用。PET MPs 通过吸附 SMX 降低其生物可利用性，从而缓解毒性。此外，高浓度污染下反硝化菌的相对耐受性导致 Anammox 反应占比减少，R_s 值趋近于 1.0。

② 污泥活性与结构损伤：SAA 随污染物浓度增加显著降低，最高降幅 12.2％，SAA（NO_2^-）受抑制更明显。污泥形态分析表明复合污染导致颗粒松散、表面粗糙甚至结块，MPs 嵌入与抗生素吸附形成污染点源，阻碍底物传质并破坏 AnAOB 聚集结构。

③ EPS 响应机制：复合胁迫下，EPS 总含量下降，最高降幅 18.74％。PN 和 PS 比值波动，表明微生物通过调节 EPS 分泌来抵御环境压力。红外光谱显示，EPS 中羟基、酰氨基等官能团含量变化显著，TB-EPS 的吸附功能增强，通过配位作用降低 SMX 的生物毒性。三维荧光光谱结果表明色氨酸类蛋白含量增加，进一步证实 EPS 通过增加蛋白含量使污泥致密化以增强抗逆能力。

④ 微生物群落丰度变化：复合胁迫组中，高浓度 SMX 与 PET MPs 协同导致 Shannon 指数显著降低（$p < 0.05$），表明复合污染加剧了群落稳定性破坏。复合胁迫组中，浮霉菌门丰度不降反升（SMX3P 组达到 44.05％），PET MPs 通过吸附 SMX 降低 SMX 的生物可利用性，为反硝化菌提供碳源间接促进 AnAOB 底物供给，形成"拮抗-协同"双重效应。同时，MPs 诱导的碳源释放可能会激活 AnAOB 与反硝化菌的共生网络，部分缓解毒性抑制。

本研究阐明了 SMX 与 PET MPs 复合污染对 Anammox 系统的协同抑制路径，揭示了 EPS 在污染物吸附与菌群保护中的关键作用，为优化复杂污染条件下 Anammox 工艺的稳定性提供了理论支撑。

◆ **参考文献** ◆

[1] Lee J H, Cheon S J, Kim C S, et al. Nationwide evaluation of microplastic properties in municipal wastewater treatment plants in South Korea [J]. Environmental Pollution, 2024, 358:

124433.

[2] Nie Z, Wang L, Lin Y, et al. Effects of polylactic acid (PLA) and polybutylene adipate-co-terephthalate (PBAT) biodegradable microplastics on the abundance and diversity of denitrifying and anammox bacteria in freshwater sediment [J]. Environmental Pollution, 2022, 315: 120343.

[3] Hong X, Niu B, Sun H, et al. Insight into response characteristics and inhibition mechanisms of anammox granular sludge to polyethylene terephthalate microplastics exposure [J]. Bioresource Technology, 2023, 385: 129355.

[4] Lyu L, Wu Y, Chen Y, et al. Synergetic effects of chlorinated paraffins and microplastics on microbial communities and nitrogen cycling in deep-sea cold seep sediments [J]. Journal of Hazardous Materials, 2024, 480: 135760.

[5] Shao Y, Wang Y, Yuan Y, et al. A systematic review on antibiotics misuse in livestock and aquaculture and regulation implications in China [J]. Science of the Total Environment, 2021, 798: 149205.

[6] Bi Z, Song G, Sun X. Deciphering antibiotic resistance genes and microbial community of anammox consortia under sulfadiazine and chlortetracycline stress [J]. Ecotoxicology and Environmental Safety, 2022, 234: 113343.

[7] Yao H, Li H, Xu J, et al. Inhibitive effects of chlortetracycline on performance of the nitritation-anaerobic ammonium oxidation (anammox) process and strategies for recovery [J]. Journal of Environmental Sciences, 2018, 70: 29-36.

[8] Wang K, Wang K, Chen Y, et al. Desorption of sulfamethoxazole from polyamide 6 microplastics: Environmental factors, simulated gastrointestinal fluids, and desorption mechanisms [J]. Ecotoxicology and Environmental Safety, 2023, 264: 115400.

[9] Zhang L, Sun J, Zhang Z, et al. Polyethylene terephthalate microplastic fibers increase the release of extracellular antibiotic resistance genes during sewage sludge anaerobic digestion [J]. Water Research, 2022, 217: 118426.

[10] Fu B, Luo J, Xu R, et al. Co-impacts of the microplastic polyamide and sertraline on the denitrification function and microbial community structure in SBRs [J]. Science of the Total Environment, 2022, 843: 156928.

[11] Wang Y, Huang D Q, Yang J H, et al. Polyamide microplastics act as carriers for cephalexin in the anammox process [J]. Chemical Engineering Journal, 2023, 451: 138685.

[12] 林凤. 胞外聚合物对污泥深度脱水性能的影响及水分迁移转化机制的研究 [D]. 广州: 华南理工大学, 2021.

[13] van der Star W R L, Miclea A I, van Dongen U G J M, et al. The membrane bioreactor: A novel tool to grow anammox bacteria as free cells [J]. Biotechnology and Bioengineering, 2008, 101 (2): 286-294.

[14] Xie S, Hamid N, Zhang T, et al. Unraveling the nexus: Microplastics, antibiotics, and ARGs interactions, threats and control in aquaculture-A review [J]. Journal of Hazardous Materials, 2024, 471: 134324.

[15] Yang D, Jiang C, Xu S, et al. Insight into nitrogen removal performance of anaerobic ammonia oxidation in two reactors: Comparison based on the aspects of extracellular polymeric substances and microbial community [J]. Biochemical Engineering Journal, 2022, 185: 108526.

[16] Yin C, Meng F, Chen G H. Spectroscopic characterization of extracellular polymeric substances from a mixed culture dominated by ammonia-oxidizing bacteria [J]. Water Research, 2015, 68: 740-749.

[17] Molinuevo B, Garcia M, Karakashev D, et al. Anammox for ammonia removal from pig manure effluents: Effect of organic matter content on process performance [J]. Bioresource Technology, 2009, 100 (7): 2171-2175.

[18] van Niftrik L, Geerts W J C, van Donselaar E G, et al. Combined structural and chemical analysis of the anammoxosome: A membrane-bounded intracytoplasmic compartment in anammox bacteria [J]. Journal of Structural Biology, 2008, 161 (3): 401-410.

[19] Zhang W, Wu H, Ping Q, et al. Application of positively charged red mud-based carriers for anaerobic ammonium oxidizing bacteria biofilm formation [J]. Environmental Pollution, 2023, 338: 122692.

[20] Lu H F, Zheng P, Ji Q X, et al. The structure, density and settlability of anammox granular sludge in high-rate reactors [J]. Bioresource Technology, 2012, 123: 312-317.

[21] Zhang Q, Zhang X, Bai Y H, et al. Exogenous extracellular polymeric substances as protective agents for the preservation of anammox granules [J]. Science of the Total Environment, 2020, 747: 141464.

[22] Liu X, Liu J, Deng D, et al. Investigation of extracellular polymeric substances (EPS) in four types of sludge: Factors influencing EPS properties and sludge granulation [J]. Journal of Water Process Engineering, 2021, 40: 101924.

[23] 曹秀芹, 赵自玲. 胞外聚合物 (EPS) 构成的影响因素分析 [J]. 环境科学与技术, 2010, 33 (S2): 420-424.

[24] Chen Z, Meng Y, Sheng B, et al. Linking exoproteome function and structure to anammox biofilm development [J]. Environmental Science & Technology, 2019, 53 (3): 1490-1500.

[25] Xu J, Sheng G P, Ma Y, et al. Roles of extracellular polymeric substances (EPS) in the migration and removal of sulfamethazine in activated sludge system [J]. Water Research, 2013, 47 (14): 5298-5306.

[26] Zhu Y, Li D, Fu S, et al. Adaptation mechanisms and efficiency of anammox bacterial aggregates in various reactor systems during the start-up period [J]. Journal of Water Process Engineering, 2024, 68: 106445.

[27] 徐杰. 低表观气速下好氧颗粒污泥的骨架强化及其特性研究 [D]. 哈尔滨: 哈尔滨工业大学, 2020.

[28] Zhang M Q, Yuan L, Li Z H, et al. Tetracycline exposure shifted microbial communities and enriched antibiotic resistance genes in the aerobic granular sludge [J]. Environment International, 2019, 130: 104902.

[29] Li M, Jia Y, Shen X, et al. Investigation into lignin modified PBAT/thermoplastic starch composites: Thermal, mechanical, rheological and water absorption properties [J]. Industrial Crops and Products, 2021, 171: 113916.

[30] Zhao H, Li P, Su F, et al. Adsorption behavior of aged polybutylece terephthalate microplastics coexisting with Cd (Ⅱ)-tetracycline [J]. Chemosphere, 2022, 301: 134789.

[31] Peng S, Hu A, Ai J, et al. Changes in molecular structure of extracellular polymeric substances (EPS) with temperature in relation to sludge macro-physical properties [J]. Water Research, 2021, 201: 117316.

[32] Chen X, Liu L, Bi Y, et al. A review of anammox metabolic response to environmental factors: Characteristics and mechanisms [J]. Environmental Research, 2023, 223: 115464.

[33] Feng K, Lou Y, Li Y, et al. Conductive carrier promotes synchronous biofilm formation and granulation of anammox bacteria [J]. Journal of Hazardous Materials, 2023, 447: 130754.

[34] McCarty P L. What is the best biological process for nitrogen removal: When and why? [J]. Environmental Science & Technology, 2018, 52 (7): 3835-3841.

[35] Lackner S, Gilbert M E, Vlaeminck E S, et al. Full-scale partial nitritation/anammox experiences-An application survey [J]. Water Research, 2014, 55: 292-303.

[36] Fan W, Wei B, Zhu Y, et al. Deciphering anammox response characteristics and potential mechanisms to polyethylene terephthalate microplastic exposure [J]. Journal of Hazardous Materials, 2024, 480: 136044.

[37] Kuenen J G. Anammox bacteria: from discovery to application [J]. Nature Reviews Microbiology, 2008, 6 (4): 320-326.